· 超级思维训练营系列丛书 ·

跟福尔摩斯学做大侦探

GEN FUERMOSI XUEZUO DAZHENTAN

谢冰欣 ◎ 编 著

解开福尔摩斯侦探谜底 ——☆—— 成为家喻户晓的侦探达人

中国出版集团　现代出版社

图书在版编目(CIP)数据

跟福尔摩斯学做大侦探 / 谢冰欣编著. —北京:现代出版社,
2012.12(2021.8 重印)

(超级思维训练营)

ISBN 978 - 7 - 5143 - 0984 - 3

Ⅰ. ①跟… Ⅱ. ①谢… Ⅲ. ①思维训练 – 青年读物②思维
训练 – 少年读物 Ⅳ. ①B80 – 49

中国版本图书馆 CIP 数据核字(2012)第 275730 号

作　　者	谢冰欣
责任编辑	刘春荣
出版发行	现代出版社
通讯地址	北京市安定门外安华里 504 号
邮政编码	100011
电　　话	010 – 64267325　64245264(传真)
网　　址	www.xdcbs.com
电子邮箱	xiandai@ cnpitc. com. cn
印　　刷	北京兴星伟业印刷有限公司
开　　本	700mm×1000mm　1/16
印　　张	10
版　　次	2012 年 12 月第 1 版　2021 年 8 月第 3 次印刷
书　　号	ISBN 978 - 7 - 5143 - 0984 - 3
定　　价	29.80 元

前　言

　　每个孩子的心中都有一座快乐的城堡,每座城堡都需要借助思维来筑造。一套包含多项思维内容的经典图书,无疑是送给孩子最特别的礼物。武装好自己的头脑,穿过一个个巧设的智力暗礁,跨越一个个障碍,在这场思维竞技中,胜利属于思维敏捷的人。

　　思维具有非凡的魔力,只要你学会运用它,你也可以像爱因斯坦一样聪明和有创造力。美国宇航局大门的铭石上写着一句话:"只要你敢想,就能实现。"世界上绝大多数人都拥有一定的创新天赋,但许多人盲从于习惯,盲从于权威,不愿与众不同,不敢标新立异。从本质上来说,思维不是在获得知识和技能之上再单独培养的一种东西,而是与学生学习知识和技能的过程紧密联系并逐步提高的一种能力。古人曾经说过:"授人以鱼,不如授人以渔。"如果每位教师在每一节课上都能把思维训练作为一个过程性的目标去追求,那么,当学生毕业若干年后,他们也许会忘掉曾经学过的某个概念或某个具体问题的解决方法,但是作为过程的思维教学却能使他们牢牢记住如何去思考问题,如何去解决问题。而且更重要的是,学生在解决问题能力上所获得的发展,能帮助他们通过调查,探索而重构出曾经学过的方法,甚至想出新的方法。

　　本丛书介绍的创造性思维与推理故事,以多种形式充分调动读者的思维活性,达到触类旁通、快乐学习的目的。本丛书的阅读对象是广大的中小学教师,兼顾家长和学生。为此,本书在篇章结构的安排上力求体现出科学性和系统性,同时采用一些引人入胜的标题,使读者一看到这样的题目就产生去读、去了解其中思维细节的欲望。在思维故事的讲述时,本丛书也尽量使用浅显、生动的语言,让读者体会到它的重要性、可操作性和实用性;以通俗的语言,生动的故事,为我们深度解读思维训练的细节。最后,衷心希望本丛书能让孩子们在知识的世界里快乐地翱翔,帮助他们健康快乐地成长!

目 录

第一章 开启思维之门

跟福尔摩斯学做大侦探

第二章　发动百变思维

第三章 推理的细节

跟福尔摩斯学做大侦探

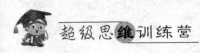

第四章　找出真相

跟福尔摩斯学做大侦探

第一章　开启思维之门

一道题的争论

郑老师和宋老师相对坐在办公室看同一份数学作业，他们为了其中的一道题而争论不休，郑老师说："这个等式是正确的。""不，这完全是错误的。"宋老师说。

请问，郑老师和宋老师到底看的是一个什么式子呢？

 参考答案

这个等式是 $9 \times 9 = 81$，但从不同的方向看就会看出不同的答案，宋老师的就是 $18 = 6 \times 6$。

神奇的遗嘱

一位伯爵在几个世纪之前留下了一份遗嘱，但是这份遗嘱的内容却十分的生动，其内容如下：

致我挚爱的家人，他们为此已经等待了很长时间，现将以下东西留给后人：

一个人对什么爱得胜过自己的生命，

而恨得却胜过死亡或者致命的斗争。

这个东西可以满足人的欲望，

是穷人所有的，却是富人所求的。

它是守财奴所想花费的，却是挥霍者所保的。

然而，所有人都要把它带进自己的坟墓。

那么，你能否从中推断出这位伯爵想要给他的后人留下什么东西呢？

参考答案

这位伯爵留给后人的是"一无所有"。

学习第二语言

根据语言学习的顺序，把最先学习并使用的语言叫作第一语言，第一语言之后，学习的语言称作第二语言。

A. 出生在中国的德国孩子同时学习汉语和德语。

B. 中国学生学习了英语之后又开始学习西班牙语。

C. 中国学生出国后同时学习英语和法语。

D. 美国留学生来华学习汉语。

根据定义，请你从以上 A、B、C、D 的叙述中，判断哪些情况属于第二语言学习？

参考答案

B、C、D。

商品的差价

商品差价简称差价，是指同一商品由于流通环节、购销地区、销售季节以及质量不同而形成的价格差额。

A. 甲地的糖比乙地的便宜，因为甲地产糖。

B. 市场上早上白菜一元钱一斤，到了下午八角钱就能买到。

C. 海尔电视机和 TCL 电视机的价格不同。

D. 同一款电脑，在北京买比在深圳买贵。

根据定义，请你从以上 A、B、C、D 的叙述中，判断哪些不属于商品差价？

参考答案

C

壁虎的特异功能

生活中有些现象常常令人困惑不解，例如，一种长约 10 厘米、背呈暗灰色的属爬行纲四足小动物壁虎（又叫"天龙"），能在光滑如镜的墙面或天花板上穿梭自如，捕食蚊、蝇、蜘蛛等小虫子而不会掉下来，壁虎如同有了"特异功能"一般。那么，为什么不会掉下来呢？

甲说："因为壁虎的脚掌能分泌黏性胶液。"

乙说："因为壁虎的脚掌产生的静电使它吸在壁上。"

丙说："因为壁虎的脚掌上长着吸盘。"

丁说："因为壁虎的脚掌上长着骨针，可以产生摩擦力。"

你说他们的答案谁的正确呢？

参考答案

丁。

雷同的试卷

一次，某个班级进行了一场数学考试，这场考试是在绝对不允许考生作弊的情况下进行的，结果居然出现了两份雷同的答卷。

如果这不是一种偶然现象，那么你认为这种现象会在什么样的情况下发生呢？

**参考答案**

在这两位考生都交了白卷的情况下发生。

犯错误的青年

一天，有一位学哲学的青年毕业后回到了自己的家乡，父母甚是欢喜。父母把家里的鸡杀了，并给他准备一桌丰盛的饭菜。吃饭的时候，父亲问年轻人：

"你学的什么？"

"哲学。"

"学这个又有什么用呢？"

"学习哲学，看问题与别人就不同。比如，拿咱们这饭桌上的这只鸡来说吧，看起来是一只，实际上是两只。除了一只具体的鸡以外，还有一只是抽象的鸡。"

请回，这位青年回答问题时犯了什么错误？

**参考答案**

他把具体和抽象二者对立了起来。他不知道抽象的东西就包含在具体的东西里面。

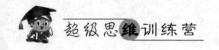

颠倒读的电文

1949 年新中国成立时，云南仍是国民党的统治区域。一批爱国民主人士被关进了昆明监狱。

蒋介石电令当时在昆明的代总统李宗仁等人，把民主人士押往重庆审讯。电文中蒋介石说这些民主人士情有可原，罪不可逭。代总统李宗仁等人就故意把电文颠倒为"罪不可逭，情有可原"，并根据这颠倒的电文，把这些民主人士释放了。

句子一般是不能颠倒的，可上述两例中的句子怎么能颠倒呢？你能说出其中的道理来吗？

通常来说，汉语里表示并列的句子有两种情况：一种是有次序的，如，"吾爱吾师，吾尤爱真理"，这类句子是不可以颠倒的；另一种是无次序的，如，"山又高，水又深"，这类句子是可以颠倒的，也可以写成"水又深，山又高"，意义也无不同。蒋介石的电令属第二种无次序的句子，所以可以颠倒，而在语法上没有错误。当然，这两个句子颠倒后的意思是不同的。

聪明人指路

在古希腊有个很聪明的人，是个很有名的寓言作家，他的名字叫伊索。有一天，一位行人路过了伊索所住的村子，恰好遇见了伊索，便向他问道："请问，到最近的村子还得走多久？"

伊索说："你就走吧！"

行人说："我知道走，但请你告诉我需要多久？"

伊索说："你就走吧！"

行人想，这个人很有可能是个疯子，于是继续向前赶路。

过了一会儿，伊索大声对他喊道："再过一小时你就到了。"

行人回头大声问："那刚才你为什么不告诉我呢？"

是呀，伊索为什么刚才不告诉他，而要等过了一会儿之后才告诉他呢？

你知道这是为什么吗？

参考答案

原来，伊索要观察行人走路的快慢，因此，要等行人走了一段路之后，才能告诉他需要多久才能到达最近的村子。

池塘里共有几桶水

从前，一个大名鼎鼎的老学者居住的房屋旁边有一个池塘，因此老学者想到了一个很奇怪的问题：这个池塘里共有几桶水？这个问题问得也太古怪了。学者的弟子都是出了名的年轻学者，然而，这个问题就像问一座山有多少斤重一样，谁能答得准确？他们没有一个能答得出来。老学者十分的不高兴，便说："你们回去都考虑三天。"

可是，三天过去了，弟子中仍没有人能解答这个问题。老学者觉得十分扫兴，干脆写了一张布告，声明谁如果能够回答出这个问题就收谁

做弟子，免得有人说他的弟子都是一帮庸才。

布告刚贴出后不久，一个小男孩满怀信心地走进老学者的授课大殿，说他知道这池塘里有几桶水。弟子们一听，觉得好笑，小孩子懂什么。老学者将那问题讲了一遍后，便示意一名弟子将小男孩带到池塘边去看一下。小男孩却笑道："不用去看了，这个问题其实也不难"。他眨了几下眼睛，凑到老学者耳边说了几句话。

老学者听得连连点头，露出了赞许的笑容。

那么，你能说得出池塘里究竟有几桶水吗？

参考答案

那要看桶的大小了，如果桶是和水池一样大的话，那么这池子里共有 1 桶水，如果桶是水池的一半大，那么池子里共有 2 桶水，如果桶是池子的三分之一大，那就是 3 桶水了，以此类推。

欲盖弥彰凶杀案

一天晚上，作家王先生正在家里写小说，突然被人用棒球棒从背后打晕。当时，书桌上的台灯亮着，窗户紧闭。

报案的是住在对面公寓里的丁某。当警方火速赶到现场，到达现场以后，警方要求丁某对他所知道的进行详细的陈述。"当我向外看时，偶然发现王先生书房的窗口有一个影子高举着木棒，顿时感觉十分不妙，所以急忙给你们打电话。"丁某说道。

但有一个聪明的刑警听了此话之后却说："你说谎！你就是凶手！别装了！"说罢便将丁某逮捕归案。

你知道聪明的刑警是如何判断出丁某在说谎的吗？

 **参考答案**

影子不可能在窗口。丁某说"窗口有一个高举木棒的影子"，这就是谎言。因为桌上台灯的位置是在被害人与窗口之间，不可能将站在被害人背后的凶手的身影映在窗子上。

房间里的镜子

有这样的一间房子，房子的四周布满了镜子，所有的墙面、地面甚至门，没有一处不是镜子。

 跟福尔摩斯学做大侦探

如果你走进去，关紧门，你将会看到什么现象呢？

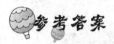

你也许会想你能看到无数个自己，其实，无论任何东西你都看不见。因为没有光线能射进房间里面，到处一团漆黑，即使你有火眼金睛也不行。

警长的智慧

在一个非常大的森林公园的深处，发现了一辆劳斯莱斯敞篷车，车上有少量的树叶，一个穿着一身名牌衣服的中年人死在了车里。接到报案之后，警方火速赶往现场，并立即对现场进行了封锁。

"有没有什么线索？"警长问。

"经法医推断，这个人大约已经死亡两天。我们没有发现他杀的迹象，在死者的手边有一个氰化钾小瓶，所以初步认定为是自杀。"

"是否发现第三者的脚印？"

"请你们再仔细搜查一下现场，要排除自杀。因为这个人是他杀后被凶手移到这里的。估计凶手离开这里不到一个小时，他绝对会留下痕迹的。"大家又仔细搜查了一番，正如警长所讲的确实发现了不少线索，在警方的追踪之下，当天便将杀人犯抓获。

请仔细想一想，警长为什么认定不是自杀而是他杀，并且罪犯没有走远呢？

原来，警长是从落叶上分析的。假如车子在森林中已经停放了两天，车内的尸体一定会堆满叶；假如车上落叶很少或基本没有，证明车子放到森林中的时间不长。而凶手只能步行离开，这样的话凶手在大森林里，是很容易留下痕迹的，并且也很难走远。

消失的车轮

一辆小汽车有4个车轮，每个车轮由4个大螺丝固定在轴上。一天早上，谭先生发现他的小汽车的一个轮子被小偷偷走了，当然连4个螺丝也拿走了，令谭先生稍感宽慰的是车内还有一个备轮，谭先生想了一个办法，将小汽车安全地开到了附近的修车厂。

谭先生是怎么将小汽车安全地开到附近的修车厂的呢？

参考答案

谭先生从其他3个轮子上各取下1个螺丝，安在备用轮子上，并将其安装好。

田爷爷的疑惑

有一段时间，田爷爷好像察觉家里面不仅有老鼠，而且老鼠已经闹翻了天。于是，田爷爷就买了一个捕鼠笼子，准备用它来捉老鼠。笼子

刚买回来的当天晚上，田爷爷就准备让笼子发挥作用。谁知第二天一大早，田爷爷看见笼子里关着一只活老鼠，而笼子外面却有两只四脚朝天的死老鼠。田爷爷对此感到非常的疑惑。

你知道这是为什么吗？

参考答案

笼子外的两只老鼠是因为看到同伴竟然笨得被抓住而活活笑死的。

小亮和歹徒

当夜幕即将来临的时候，小亮正走在在回家的路上，谁料途中竟遇到了一名歹徒，小亮立刻跑到不远处的一个圆形的大湖旁边，跳上岸边仅有的一只小船，拼命地向对岸划去。没想到歹徒却没有善罢甘休，依然对小亮穷追不舍。歹徒骑上一辆自行车沿着湖边向对岸追去。现在知道歹徒骑车的速度是小亮划船速度的 2.5 倍。

请你仔细想一想，在湖里面的小亮还有逃脱的可能吗？

参考答案

小亮如果聪明的话，可以先把船划到湖心，看准歹徒的位置，再立刻从湖心向歹徒正对的对岸划。这样他只划一个半径长，歹徒要跑半个圆周长，即半径的 3~4 倍，而歹徒的速度是小亮的 2.5 倍，小亮能在歹徒到达之前先上岸跑掉。

机智的答案

　　一天，儿子刚刚放学到家，就看到母亲手里拿了一叠厚厚的钞票。儿子一直盯着她母亲手中的钞票。因为他最近特别想买一个学习机。母亲一看儿子那眼神就读懂了他的心思。此前儿子已经向她要求了几次了。可是，儿子已经有了一个了，就是儿子觉得有点儿旧了，母亲觉得这是浪费，所以一直也没有答应儿子的要求。于是，母亲对儿子说："这里有 1000 元钱，如果你猜得出妈妈在想什么，这些钱就给你。"儿子一听，非常想得到这 1000 元钱，于是绞尽脑筋想出了一个绝妙答案，母亲听到后，说了一声"对"，不得不把 1000 元钱给了儿子。

　　请问，儿子到底说了什么绝妙答案？

参考答案

儿子的答案是："妈妈，你不想给我这1000元钱，对不对？"为什么这个答案妙呢？因为如果这个答案猜对了，原本说好"猜对了就给1000元钱"，所以母亲理所当然地给儿子1000元钱；万一这句话没有猜对，就表示"妈妈想给我1000元钱"，所以母亲还是要给儿子1000元钱。总之，有了这个答案，1000元钱是给定了。

该怎样开始游戏

在一次课外活动的时候，同学们玩起了一个好玩的游戏：把3个人集合成一组，一个人蒙住眼睛，一个人将嘴巴贴住，第三个则塞住耳朵，然后开始玩游戏。但是在开始做游戏之前，他们所面临的一个问题就是不知如何让这3个人开始行动。如果用喊的方式，塞住耳朵的人听不见；如果摇旗子的话，眼睛蒙住的人又没办法看见。

那么，采用何种方法能让3个人都知道游戏开始了呢？

参考答案

一边喊"开始"的口号，一边同时拍打3个人，这个方法是最容易让人了解的。人的五官当中，如果丧失了视觉和听觉，最好的代替方法就是利用触觉。

机智的小男孩

　　古时候，有一个小男孩随父亲一同出远门，途中住进了一家旅店里。父子两人没有想到的是，到了半夜的时候，竟然有一个强盗手持利刃闯进了他们的房间，并用刀逼迫父子俩交出所有的财物，否则就要对杀死他们。

　　就在这时，打更的梆子声从远处传来，而且越来越近，心虚的强盗催促假装在找东西的小男孩赶快交出财物。可小男孩却告诉强盗，如果着急的话，就必须点亮灯来找。于是，就在打更的梆子声在房间的门外响起的时候，小男孩点亮了灯，并把父亲藏在枕头下面的钱交给了强盗。可就在这个时候，门外的更夫却突然大声地发出了"抓强盗"的喊叫声。吸到喊声人们就冲进了房间，抓住了还来不及跑掉的强盗。

　　你能想到这个小男孩是怎样为在门外的更夫发出屋子里有强盗的暗示吗？

参考答案

　　小男孩特意将点灯的时间，选在更夫走到屋子门外时，这样一来，强盗拿着刀的影子就能够很清楚地映在窗户上，给更夫提供了一个最好的暗示，更夫便知道屋子里有强盗。

国王想要的答案

很久以前，有兄弟二人合种一块稻田，等到水稻成熟的时候，哥哥竟把大部分收成据为己有，弟弟觉得哥哥实在是太贪心了，于是便与哥哥争论了起来。谁料二人争得面红耳赤。令兄弟二人没有想到的是，国王恰好从这里路过。

国王也恰好也听到了他们争论的内容，对其中的缘由也知道了个大概。于是，国王便对兄弟二人说道："现在，我问你们兄弟二人三个问题，如果谁能够把这三个问题回答得好，那么我就会把全部的稻米都裁决给谁。这三个问题是：在这个世界上，什么最肥？什么最快？什么最可亲？你们明天可以把答案诉我。"

第二天，兄弟二人再次见到国王的时候，哥哥给出的答案是：最肥的是自家养的猪，最快的是自家跑的马，而最可亲的则是自己的老婆。而弟弟给出的答案却让国王感到十分的满意，最终国王裁决把所有的稻米都给了他。

你知道弟弟究竟是怎样回答这三个问题的吗？

参考答案

弟弟的回答是："世界最肥的是土地，因为它能生长出万物；最快的是人的态度，因为它的变化比什么都快；最可亲的是自己的国王，因为他善待自己的子民，就像父母对待儿女一样。"

演员的机智

春节就要来临了，村委会组织了一次文艺演出，演员都是从村民中选出，并进行了积极的排练，打算在春节期间进行演出，以此来丰富村民的文化生活。

村民张三和李四也参与进来，两个人饰演剧中的一对邻居。

谁也没有料到，在演出之前，张三和李四闹了一点儿小小的不愉快，因此，张三想趁着演出的时候让李四出丑。当他应该按照剧情将一份写有台词的纸交给李四来念的时候，就悄悄地将这张纸换成了一张白纸，并在演出时，装作若无其事的样子地交给了李四。如此一来，当李四发现这件事情的时候，根本已经来不及了，因为台下不了解情况的村民还等着他来念这张纸呢。这该如何是好呢？急中生智的李四，在很短的时间内就想出了对策，不仅使自己摆脱了窘境，还惩罚了那个试图让自己出丑的张三。

那么李四究竟想出了一个什么样的好办法呢？

参考答案

原来，李四只是对张三说："这里的光线实在是太暗了，我的视力非常不好，还是请你替我来读吧。"说完这句话，就又把那张空白的纸塞回了张三的手里。

马克·吐温的智慧

马克·吐温是美国的幽默大师、小说家、作家，也是著名演说家，其作品幽默风趣，他本人也非常喜欢开玩笑。一次，有一位牧师在讲坛上说教，对牧师的陈词滥调，他厌烦透了。于是，他有心要和牧师开一个玩笑。正当牧师讲得津津有味的时候，马克·吐温突然站了起来打断了他的布道说教：

"牧师先生，你的演讲实在是太妙了，只不过你所说的每一个字我都曾经在一本书上看见过。"

牧师听罢此言，非常不高兴地回答说："这是绝对不可能的，我的演讲绝对不是抄袭来的，我以上帝的名义发誓！"

"但是，你所说的每一个字确实都在那本书上面啊。"

"既然这样的话，那么，如果你方便的话，请你抽空把那本书借给我看一看。"牧师无可奈何地说道。

几天之后，马克·吐温果真将那本"书"寄给了这位牧师。牧师看后哭笑不得。

不过，事实上马克·吐温和这位牧师他们两个谁也没说假话。

那么，马克·吐温寄了一本什么样的书给了这位牧师呢？

参考答案

原来，马克·吐温寄的是一本字典。牧师讲的每一句话中的每一个字，确确实实在字典里都能找得到！

战胜冠军的人

有这样三个人，一个是全国羽毛球冠军，一个是全国象棋冠军，一个是很普通的人，但是，他们三个人却是十分要好的朋友。大家有时常聚在一起，谈谈心，打牌，偶尔娱乐一番。

一天，他们三人相约到一个俱乐部里玩，三人都准时赴约，在俱乐部里痛痛快快地玩了一个下午，到晚饭的时候，那个普通人对周围的人说："嘿嘿，今天我可算是赢了，我又打羽毛球，又下象棋，既战胜了羽毛球冠军，又战胜了象棋冠军，简直是太爽了！"

"不会吧？即使是你赢了他们，也肯定是他们让着你！你就别在这里吹牛了！"周围有一个人说道。

"对，就是他们让着你！"周围的其他人也异口同声说道。

"没有，他确实是赢了，我们两个都尽了最大的努力。"两位冠军

满脸诚恳地说。

周围的人对此都深深地感到十分的奇怪。

你知道这是为什么吗？

其实，道理简单得很。他和羽毛球冠军下的是象棋，和象棋冠军打的是羽毛球。只是我们被惯性思维蒙蔽了自己的眼睛而已。

报时的老伯伯

有一位老伯伯，每年他都会在自家的田地种很多的西瓜，并且他还会在路旁边搭起一个小瓜棚，以便他休息，同时也可以向路人卖一些西瓜。

经常有过路的行人向老伯伯问时间。无论这些行人是否买他的西瓜，他总是很乐意地为他们报时。但是，每次有过路行人问他时间时，他只要两手扶着瓜棚下一只硕大的葫芦，眨眨眼睛，很快就能报出正确时间。这只葫芦垂挂在瓜棚下，可是，这只葫芦除了体积大了一点儿外，与其他葫芦并没有什么不同之处。

请你想一想为什么老伯伯扶着那只葫芦就知道时间呢？

原来，这只大葫芦挡住远处的大钟，老爷爷必须用手将它稍稍推开，才能看得到时间。

荒野中的露营

探险家吉姆有一个很特别的嗜好，那就是独自一个人在荒野中露营。在深夜的时候，还喜欢离开帐篷到荒野之中走走，此时，他一定要准备两个手电筒。两个手电筒几乎成了他每次野外露营的必带品。

如果吉姆不是为了预防电池用完，那为什么他要带两个手电筒呢？

 **参考答案**

原来，这两个手电筒，一个是吉姆走路时用来照射前方的，另一个则是出发时开着灯放在帐篷里，作为回来时指引方向的指示灯。

冯梦龙请客

冯梦龙，我国明朝著名的文学家，他对文学十分的感兴趣，几乎把全部的精力都投入到了对文学的创作上。冯梦龙还特别喜欢谜语，他收集了许多资料，精心研究，写了一部专门讲谜语的书——《黄山谜》。

有一年夏天，冯梦龙家后院的桃花刚刚绽开，就被他发现了，他便决定去后院赏花去。恰在这时，有一位姓李的朋友前来拜会。冯梦龙就开玩笑对这位朋友说："桃李与春风本一家，既然您来了，那就请到我的后院去，我们一面喝酒，一面赏看您的本家吧！"随后，他们便来到了后院，冯梦龙突然想起自己忘了带一样东西，就对书童说："你快去件东西送到后院来！"书童问："是什么东西？"冯梦龙随口就造了一个谜："有面无口，有脚无手，又好吃肉，又好吃酒。"书童顿时愣在了

那里，一时也猜不出应该拿什么样的东西来。

你能帮书童想出来冯梦龙要他拿的是什么东西吗？

参考答案

冯梦龙要的是酒桌。

弄巧成拙

一天，有一个人想独自驾驶帆船出游。在回来的途中，他的那艘帆船几乎呈现完全静止的状态。因为当时天气十分的酷热，而且连一丝风都没有。他望了一眼茫茫的大海，就如同泄了气的皮球一样，只好一下子躺在了帆船之中，仰望着蓝天和白云，因为此时的他已经精疲力竭了。

突然，他灵机一动，就在帆船后方甲板上架设一个大型送风机，然后利用发电机来驱动风扇，让大风一直往帆的方向吹送。

请问，在这样的情况下，这艘帆船会产生怎样的变化呢？

A. 向前行；B. 向后跑；C. 原地不动。

参考答案

A。

赶路的二傻

有一个人，排行老二，但是他确实有点儿傻，因此好多人都叫他二傻。一天，二傻的父亲托人捎信回家，让二傻赶着马车去县城边上接他。因为大儿子外出，几天之后才能回来。二傻的父亲心里想：二傻接我应该没有问题，以前也接过好几次，这次应该也没有问题。

二傻听说父亲让他赶着马车去接他，心里十分的高兴。他套上马车之后就急急忙忙赶路了，谁知刚走了几里路，他却嫌太慢，又回家套了一匹马，可是，在二傻套上这匹马以后，两匹马却怎么也拉不动这辆马车了。

你知道这究竟是怎么回事吗？

参考答案

原来，二傻在相反的方向又套了一匹马，两力抵消了。

"违规"的司机

交通法规定：机动车通过交叉路口，应当按照交通信号灯、交通标志、交通标线或者交通警察的指挥通过；通过没有交通信号灯、交通标志、交通标线或者交通警察指挥的交叉路口时，应当减速慢行，并让行人和优先通行的车辆先行。

一天，偏偏有个汽车司机，当交叉路口上还有很多人过马路时，却突然撞进了人群中，全速向前跑。这时，值班的警察看了觉得无所谓，也根本没有责怪他。

跟福尔摩斯学做大侦探

你知道这究竟是怎么一回事呢？

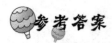参考答案

原来，汽车司机根本没有开车，他是跑着撞进人群，全速向前跑的。

变化的重量

取一个秤，并将一盛满水的脸盆放在秤上，然后将手放入水中。

试问，手放进水中的前后，秤所显示的重量变化如何？

A. 不变。

B. 手放进水中之后，指针的重量显示较重。

C. 手放进水中之后，指针的重量显示较轻。

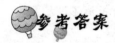参考答案

B。

该怎样逃脱

　　甲、乙、丙三人因被人陷害而入狱，都被囚禁在一座塔楼上。塔楼上除了有一个窗口可用于逃离外，再也没有别的出路。现在塔楼上有一个滑轮、一条绳索、两个筐子、一块重30公斤的石头。不过在一个筐子比另一个筐子重6公斤的情况下，两个筐子才可以毫无危险地一上一下。已知甲体重78公斤，乙体重42公斤，丙体重36公斤。

　　请问这三个人该怎样借助这些工具顺利地逃离呢？

参考答案

他们的逃离步骤如下：

塔楼上

（1）先用人力将石头慢慢放下；

（2）丙下，石头上；

（3）乙下，丙上；

（4）石头下；

（5）甲下，乙和石头上；

（6）石头下；

（7）丙下，石头上；

（8）乙下，丙上；

（9）石头下；

（10）丙下，石头上；

（11）石头自然坠下。

跟福尔摩斯学做大侦探

这所房子在哪里

地球上有一所房子，当人在房子的周围走一圈，确定四个方向时，就会发现四周的方向都一样。

你知道这所房子到底在哪里吗？

南极或北极。

别具一格的发现

在观象台将普通的书写纸卷成筒状，右手平放在纸筒的右边。两只眼睛都睁开，然后用左眼往里看。

你会有什么新的发现吗？

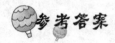

你会发现好像右手的掌心有一个洞。这是一个错觉。左眼睛只是看到纸筒的里面，而右眼却只看到一只平平的手掌。而每只眼睛所接受的影像，都将在大脑里聚合成为一个立体影像，正像你所看到的那样。

真正的公主

关于灰姑娘的故事，大家肯定都不陌生，一位老婆婆用魔法将心地善良的灰姑娘变成了一位公主，帮助灰姑娘去参加了王子的舞会。可是在午夜 12 点之前，灰姑娘必须回家，因为午夜 12 点过后，魔法会全部消失，如果灰姑娘的名字或家世被王子知道，她也将会陷入十分尴尬的境地，另外还要赶在继母他们回家之前把家务做好。

当钟声敲响 12 下时，灰姑娘便急急忙忙地从舞会上离开，匆忙之中丢落了一只水晶鞋。王子为了早日找到自己的这一位公主，十分心急，拿着灰姑娘丢落的那只水晶鞋，挨家挨户地去询问。

当来到灰姑娘的家里时，王子便将水晶鞋拿了出来，想让灰姑娘还有她的两个恶毒的姐姐试穿一下。

王子说："你们谁能穿得上这只水晶鞋，谁就将是我的公主，成为我的新娘。"

于是两个姐姐高兴地将自己的鞋子脱了下去，准备试穿。

王子看了看她们两个，再看了看灰姑娘，最终没有让她们任何人试穿鞋子，便认出了舞会上的公主就是灰姑娘。

"这次再也不让你走了！"王子说道，之后他便携着灰姑娘的手，离开了这没有一丝温暖的家，灰姑娘和王子从此幸福地生活在一起。

你知道为什么王子在她们都没有试穿鞋子的情况下，怎么灰姑娘认出来了呢？

参考答案

原来她们几乎是同时将自己脚上的鞋子脱了下来。两个恶毒的姐姐

脱的是另一只脚上的鞋子，只有灰姑娘脱下来的鞋子和掉落的鞋子是同一只脚上的。

掉下去的大盗

一天，一个技艺高超的大盗，被警察堵在了一座高楼之上，这座高楼两边的建筑分别与其只有1米的距离。大盗一开始的时候想跳到左边的高楼上，可是刚一抬脚，就发现那边有几名警察正在攀爬过来，于是情急之下急忙改变方向，从右边的窗户上跳到对面的建筑物上。

可是大盗这一跳却掉了下去。他既没有中枪也没有受伤，右边的建筑物跟高楼的距离也只有1米。

这究竟是怎么一回事呢？

参考答案

原来，两者之间的距离是1米，可是高矮却是不一样的。他看到左边的建筑物与他所在的高楼基本同高，就以为右边也差不多，殊不知，右边是二三层的矮楼。

说谎的丁先生

一个寒冷的冬夜，大雪纷飞，在深夜的时候，李警官接到辖区里的一个报警电话，丁先生报警说他的妻子被人杀死了，于是，李警官就火速赶到了丁先生的家中。当李警官一踏进丁先生的家门时，便觉得十分

的暖和，他就将自己的大衣和围巾脱了下来，紧接着就开始询问案情。丁先生依然穿着睡衣，一脸惊恐的样子，他说自己在半夜两点多的时候，突然醒来，发现自己的妻子死在了客厅里，而当时客厅的窗户却是开着的，不知道是谁将自己的妻子杀死了。

李警官仔细查看了现场之后，面带微笑地说："在刑警队的人来之前，将你的作案经过详细地说一遍吧。"丁先生听罢此言，心里觉得十分惊慌，沉默了一会儿，就开始向李警官陈述自己杀害妻子的经过了。

李警官为什么说丁先生是杀人凶手呢？

 **参考答案**

李警官接到报警后来到丁先生家，他发现丁先生家很暖和。如果是有人将妻子杀害后逃跑，那么在寒冷的冬夜，开着窗的屋子温度很快就会下降，不会这么暖和。所以，根本不可能有外人进入他们家杀人，凶手最大的可能就是丁先生。

绳子变化的细节

一天，灵灵做了一个十分有趣的游戏。她拿了一根细长的绳子，然后对折一次，中间剪开；对折两次后也从中间剪开；对折三次后还是从中间剪开。

这样，反复几次后，你发现了什有趣的规律没有？依照这个规律，对折七次后，绳子成了几段呢？

参考答案

将这根细绳子对折 1 次后，绳子变成了 3 段；对折 2 次后，绳子变成了 5 段；对折 3 次后，绳子变成了 9 段。通过这三次对折，会发现这样一个规律：折几次就是几个 2 连乘然后加 1，这样计算出来的结果就是绳子的段数。

那么，对折 7 次后绳子的段数就是：7 个 2 连乘再加上 1 即 129 段。

是左追还是右追

一天早晨，值班的警察小吴正在一条偏僻的路上巡逻，突然发现不远处有一个人倒在了地上。他急忙跑过去，发现这个人满身的血，但是还有意识，他急忙将这个人扶了起来。这个人断断续续地说刚才有一个骑自行车的人向他捅了一刀，同时他向小吴指了指凶手逃走的那个方向。小吴委托路人拨打"120"，看护这个伤者，自己急忙开车向凶手逃走的方向追去。

在追捕的途中，小吴突然遇到了一个岔路口，这两边都是上坡路，路面正在建设中，左边的那个路上有自行车轮碾过的痕迹，前后轮深浅一致。右边那条路上，也有自行车骑过的痕迹，小吴经过判别，发现这条路上后轮的痕迹比前轮重。小吴很快地思索了一下，就急忙开车向其中的一个方向追去，不久就发现了一个很可疑的骑车人。经过小吴的盘问，这个人有最大作案嫌疑，小吴将他带到公安局后，经过审问发现这个人就是凶手。

小吴是顺着哪条路追下去的呢？

参考答案

小吴是顺着左边的路追下去的。这两边路都是上坡，因为人骑自行车时上身要向前倾，用力蹬车，所以前后车轮的痕迹一样重；而右边路上的自行车痕迹是车下坡时产生的，人的重心在后轮上，所以后轮比前轮的痕迹重些。

县太爷的智慧

清朝雍正年间，某个地方有一个聪明的县太爷，他经常为百姓断案，并且秉公执法，深受当地百姓的爱戴。

有一天，张老汉与薛老汉各执着烟袋的一端来到衙门口。当这位县太爷问他们要诉何事时，两位老汉就都将手中的烟袋递到县太爷的面前，都说这是自己家里传家之宝，可是却被对方偷了去，求县太爷给个明断。

站在县太爷旁边的师爷看了看烟袋，又看了看两位老汉，顿时觉得一点儿头绪也没有。

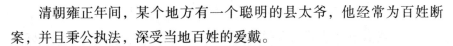

谁知过了不一会儿，县太爷笑着对两位老汉说说："这样吧，你们也别争了，这管烟袋本县要了。不过，本县不会抽，你们各自抽上几管，教教本县如何？请你们二位放心，本县会给你们银两的，到时候你们平分就是了！"

两位老汉都显得有一点儿无奈，但县太爷的话又不敢不听，只好各自抽了一管烟。张老汉抽烟的时候，烟灰吹出来，就使劲地往地上磕了几下烟将烟灰磕出来；薛老汉则是轻轻地用木片小心地将烟灰挑出来。

当两位老汉都依次抽过烟后，县太爷果断地将烟袋判给了轻挑烟灰的薛老汉。

你知道知道县太爷为什么会把烟袋判给薛老汉吗？

参考答案

因为对于自己的东西，真正的主人才会十分珍惜。所以，真正会珍惜烟袋的人才是真正的主人！县太爷就把烟袋判给了薛老汉。

放学后的乐趣

一个夏天，有一天，刚刚下过一场雨，天气不是那么的热，放学后的姐弟俩菁菁和乐乐就在家门口玩耍了起来。突然，乐乐朝不远处的菁菁喊道："姐姐，快来看啊！这里有一只蜗牛！"菁菁很快就跑到了乐乐的身旁，两个人就在那里观察了。

只见这只小小的蜗牛，一点儿也不觉得累，一个劲儿地爬呀爬。

这时，邻居冬冬也来玩了，只见他将一张纸放到了蜗牛前进的方向，这张纸有一个薄窄的棱角。"我看你还怎么爬，你这只小蜗牛，难道你还能从这张纸的一面爬到另一面不成？"冬冬说道。

"嘿嘿，这张纸有两个面和一个薄窄的棱角，不管用什么方法，小蜗牛都不可能在这个棱角上前行。"菁菁说。

只见乐乐在纸上做了一个小小的动作，后来，蜗牛就从这张纸的一面爬到另一面了。

那么，请你想一下，乐乐究竟在纸上做了一个什么样的小动作呢？

参考答案

原来，乐乐将纸的一端轻轻向外卷出一个小弧度，然后紧挨着纸的一面，这样小蜗牛就很容易地爬到另一面了。

一条奇怪的路

有这样一条路，当一个人走时，只需要30分钟就可以走完；当两个人一起走时，需要用31分钟才能走完；3个人一起走时，还得多用1分钟即32分钟才能走完。人越多，反而用的时间越长。

请问这究竟是怎么回事呢？

参考答案

原来这条路的中间有一条河，河上有一座桥，可是这座桥一次只能承受一个人的重量，因而每次只能通行一个人。而完全走过这座桥需要1分钟，所以越多人走在这条路上，所需要的时间越长。

报案者的谎言

一个冬天早晨，天空飘着小雪。有一名男子拨通了附近派出所的电话，向警察报案说他看到有一个女人在一辆轿车里自杀了。警察接到报案后，迅速赶往案发现场。警察到达案发现场时，发现有一名女子坐在驾驶座上，已经气绝身亡了。一根长长的塑料管从汽车的排气管直接连到了汽车的舱内，此辆轿车的发动机舱盖上有一层雪，一边的玻璃已经破了。这名男子说是他发现后将玻璃砸开，并将车子熄了火，他特别想救人，但发现当时已经来不及了，于是就打电话报案了。警察仔细听了这名男子的讲述后，对现场进行了仔细的勘查，然后对这名男子说："这名死者你认识吧，她根本不是在这里自杀的，而是你在别处将她杀害的，之后你又将其移到了这里，你还是老实地跟我们回派出所吧！"听罢此言，这名男子吓得直哆嗦。

请问警察是怎么看出这名男子的破绽的呢？

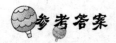参考答案

其实这名男子就是凶手，是他伪造了现场，但是他却忽略了那一辆轿车发动机盖上的雪。如果这名女子是在这辆车里自杀的，那么发动机一直运转着，舱盖上面就根本不会有积雪。

棉布有多大

有一大一小两块正方形的棉布摆放在地面上。大块棉布的边长为 2 米，小块棉布的边长为 1 米，用大块棉布覆盖住小块棉布的一个角，再

将大块棉布一个顶角放在小块棉布的中心位置上。

如果不用精密的仪器去测量，你能只用肉眼就看出小块棉布被大块棉布覆盖了多少吗？

知道了两块棉布的大小，然后大棉布的一个顶点又是摆放在小块棉布的中心点上，不论小块棉布和大块棉布的位置如何变化，略微算一下，就可以判断出，大块棉布恰好覆盖了小块棉布的四分之一。

一款旧座钟

徐爷爷家的桌子上面摆放着一座比较陈旧的座钟，因为这座钟对他来说有着不寻常的意义，所以即使这个座钟上的所有指针全部掉落了，徐爷爷也不舍得把它扔掉。况且它还会准时报时呢！每到整点，徐爷爷都会听到这个座钟表报时的声音。

现在徐爷爷已经听到这座钟表当当地敲响了 6 下，原来已经是早上六点钟了。

现在已经知道座钟

敲响 6 下时需要 6 秒钟，那么，当 12 点时，要敲多长时间呢？又需要多长时间，才能确知现在是 7 点钟？

 参考答案

当 12 点时，钟可不会要敲 12 秒哟。

首先看已知条件，说的是钟敲 6 下用时 6 秒，但它中间间隔的是 5 次，所以，每次敲打时间间隔应该是 1.2 秒，而 12 点时要敲 12 下，中间间隔是 11 次，所以一共需要 13.2 秒。

那么对于确知 7 点钟的问题，又如何计算呢？

要想知道现在是 7 点，当钟敲完第七下时，你还需要算下一秒的间隔时间。因为只有在没有听到第八下的钟响时才能确定是 7 点，所以要多算 1.2 秒，即总共需要 8.4 秒才能确定是 7 点。

而钟不会敲响第十三下，所以 12 点时不用加这个确认时间。

真花还是假花

春天来了，万物苏醒，给人的感觉简直是太好了。有一对夫妇带着两个女儿一起去郊游，一家人都高兴极了，尤其是姐妹两个，她们还时不时地唱着歌儿。

田野里春意盎然，有许多美丽而可爱的花儿盛开着。蝴蝶和蜜蜂在花丛中飞舞着，不时有蝴蝶和蜜蜂落在花朵上吸取甘甜的花蜜。调皮的妹妹不知从哪里拿来两朵一模一样的花，并与姐姐保持了一定的距离，让姐姐猜哪一朵是真花，哪一朵是假花？但前提条件是不能用手去摸，也不能去闻，只能远远地看着。

"真花？假花？你这个小鬼！从哪里弄了一朵假花来为难我呢？不过得让我好好地想一想。"姐姐说。

让妹妹没有想到的是，没有过多久，姐姐还真的猜对了。

你知道这位姐姐是如何辨别真假花的吗？

参考答案

原来，姐姐知道这里不时有蜜蜂和蝴蝶，她看了看哪朵花能吸引它们的注意，就辨别出来了。

位置如何安排

一天，同学们一起去郊外游玩。突然有一个同学提议要做一个有趣的小游戏，这个游戏需要在场的 24 个同学都参与进来，但是却需要 24 个同学排出 6 行，并且每行都要有 5 个同学。

可是 24 个同学怎么才能排成 6 行，还要保证每行有 5 个同学呢？

这可将在场的同学难为坏了。一个个你看看我，我看看你。但他们为了能玩这个有趣的小游戏，一个个又开始沉思了起来。

后来，一个同学想出了一个好办法，将问题就这样顺利地解决了。最后大家都十分开心地玩了这场有趣的小游戏。

你能猜出这个同学是如何安排他们的位置呢？

参考答案

原来这位同学让包括自己在内 24 个同学，排成一个封闭的六边形，每边 5 个人，每一边可以看成一行，这样 24 个同学就可以很快排成 6 行了。

狡猾的女人

　　杰克是一个刑警，有一次，他约了朋友艾尔一块儿吃饭，正当两人吃得津津有味的时候，临桌来了一位漂亮的女士。只见那位女士浓妆艳抹，打扮得十分妖艳，手指甲还涂上了透明的指甲油，一个人在杰克的临桌吃饭。这位女士引起了杰克的注意，因为杰克总是觉得这个女士有点儿面熟，但是杰克想了半天也没想起究竟在哪里见过。艾尔开玩笑地说，他是见了美女就想套近乎的一个人。于是杰克就笑了笑，以为自己真的认错人了。

　　当那位漂亮的女士吃好了饭，脚刚踏出大门口时，杰克在自己的脑门上猛地一拍，对艾尔说："刚才那个女人就是我们一个案件的重要抓捕对象！"

　　杰克迅速通知他的同事赶往那家饭店。

　　可是他和他的同事们在那里找了大半天，也没有找到任何的蛛丝马迹，就连那女人用的筷子和杯子上也没有发现任何指纹，真是让人百思不得其解。

　　后来杰克仔细地回忆了一番，经过思考后，自言自语地说道："这个女人实在是太狡猾了！"随后，杰克便将原因告诉了自己的同事。

　　你知道杰克和他的同事为什么没有发现那个女人的指纹吗？

 参考答案

　　原来，那个女人在她的指甲上涂了透明指甲油的同时，在她的手指上也涂上了同样透明的指甲油，这样一来，她便不会留下任何指纹了。

用火柴变魔法

　　课间的时候，同学们都到教室外面活动去了，有的捉迷藏，有的跳绳，有的下棋，有的猜谜语，总之，同学们在以各种方式享受着这课间的美好时光。

　　在操场边的一个角落里，有几位学生蹲在那里不知道在干什么呢。只见他们都低着头，很少有人说话，这几位同学所在班的班长看了之后，觉得有些怪。走近一看，原来地上摆了一个用 12 根火柴拼成的"田"字，大家在思考如何将这其中的 3 根火柴移动变成一个"品"字。"嘿嘿，你们原来在'变魔法'啊，怎么变啊？"这位班长俏皮地问道。

　　此时，只见一位同学稍微动了一下 3 根火柴，那"魔法"就成功了。

　　你能猜得出那位同学是如何将"田"字变成"品"字的吗？

参考答案

　　原来，那位同学将"田"字右上角的两根火柴移到左下角的外侧，然后再将原"田"字左底边上的那根火柴移动到左下角的外侧，这样一来，"田"字就变成了"品"字！其实，将"田"字左上角的两根火柴移到右下角的外侧，然后再将原"田"字右底边上的那根火柴移动到右下角的外侧，也可以将"田"字就变成"品"字！

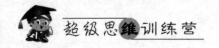
独特的向阳花

星期天的上午，露西去安妮家做客，安妮带露西看她家花园里种的花。露西看着花园里金黄色的向阳花美丽极了，赞叹道："真漂亮啊！"

安妮听了，骄傲地说："这些向阳花在我家花园里都已经生长了很久了！"

露西听了安妮的话，又看了看向阳花，发现有一部分向阳花背着阳

光，而且土质疏松，像极了刚刚栽种的样子，而且有的也不如那些朝着阳光生长的向阳花生命力旺盛。她对安妮说："不是所有的向阳花都是在这个花园里生长了很久的吧？"

安妮争辩道："不，所有的向阳花都在花园里生长很久了。"

露西笑笑对安妮说："我敢保证，你在说谎。"

请问为什么露西会肯定地说安妮说了谎呢？

参考答案

向阳花，也叫葵花、朝阳花、转日莲，属草本植物，喜欢温暖的地方，耐旱。盘型花序可宽达30厘米，因花序随太阳转动而得名。一般植物都有向光性的特征，叶子和花都会朝着太阳光线照射的方向生长，尤其是太阳花更是具有此种特性最明显的植物之一。而背向阳光生长的太阳花，土质又疏松，因此，不难判断是刚刚移植的。所以，露西说安妮撒了谎。

请假条的破绽

冬日里的一天早晨，凛冽的北风呼呼地刮着，天气异常的寒冷。虽然闹铃刚刚响过，但是当小刺猬听到那呼呼的风声时，依然懒洋洋地躺在被窝里不想起床。

小刺猬在想：今天是周末就好了，我就可以不去上学了，除非……小刺猬赶紧下床找了一支钢笔和一个本子，又"嗖"的一下，钻进了被窝里。他觉得这样的天气实在是太冷了。只见小刺猬趴在床上写了一张请假条，说自己生病了，而且病得十分严重，请假条都是自己躺在床上仰着写的。写完之后，他便让同班的小猴子带去交给了大象老师。

当大象老师收到请假条后，打开一看，看着上面写了满满的钢笔字，稍微思索了一会儿，很快就看出了请假条上的破绽，知道了小刺猬在说谎。

请问你知道大象老师是怎么发现请假条上的破绽的呢？

由于小刺猬用的是钢笔写的请假条，而在床上仰着写的很快就会写不出字来，因为钢笔里墨水无法向上流，更何况还是在非常寒冷的冬天，里面的墨水更不流畅。因此，大象老师知道了小刺猬在说谎。

第二章　发动百变思维

混合到一起怎么变少了

中医药店来了一名实习医生小陈，一天，她遇到了一个要求水、酒各煎一半的药方。小陈根据药方上的要求，称量出了水和酒各 250 毫升。可是她将两种液体混合到大容器时，发现刻度显示的不是 500 毫升，而是 400 多毫升。小陈觉得十分的奇怪，心想：同样都是 250 毫升的液体，倒在一起怎么变少了呢，难道是自己在称量的过程中出现了什么差错吗？

 参考答案

其实，小陈并没有量错。因为液体是由分子组成的，在水与酒精混合后，由于水同酒精分子之间的吸引力，比未混合前水分子同水分子之间、酒精分子同酒精分子之间的吸引力要大一些。所以，混合后分子之间排得更紧密些，混合液的总体积也就减小了。然而，这种奇特的体积减小的现象，并不是在所有的液体混合后都会发生的，在某些情况下，

体积也会保持不变或者变大。

鸡蛋是熟的吗

周末，玲玲正在写作业，这时，妹妹推开了门，说道："姐姐，我想吃煮鸡蛋，你给我煮一个好不好？"一听可爱的妹妹要吃煮鸡蛋，玲玲可乐坏了："没有问题，你乖乖地等一会儿，姐姐马上给你煮鸡蛋吃。"

于是，玲玲便行动了起来，不一会儿就煮好了。为了不让鸡蛋烫着妹妹，玲玲把鸡蛋捞出来之后，决定再把它放在桌子上稍微凉一会儿，让鸡蛋降一下温。

可是等玲玲写了一会儿作业之后，准备给妹妹那个煮熟的鸡蛋时，发现鸡蛋都凉了，并且混入了桌子上放的几个生鸡蛋里。"哎，真糟糕！究竟哪一个是熟的呢？我总不能把每个鸡蛋都打破吧。"玲玲自言自语道。玲玲心里想，要是早一点儿给妹妹取鸡蛋的话，那还好办一些，只要感受一下鸡蛋的温度，就能辨别出哪一个是煮鸡蛋哪一个是生鸡蛋了。正在玲玲一筹莫展之际，妈妈外出回来了。玲玲就此件事情告诉了妈妈。妈妈告诉了玲玲了一个辨认鸡蛋的方法。不一会儿，玲玲就把那个煮熟的鸡蛋送到了妹妹的手里。看到妹妹吃得津津有味的样子，心里十分的高兴。心里又想到，下次可不能再粗心大意了。

你知道妈妈告诉玲玲了一个什么样的方法来辨认鸡蛋呢？

参考答案

原来，只要把鸡蛋原地转一下就能分出鸡蛋的生与熟了。在相同的作用力下，煮熟的鸡蛋因为是固体，转起来速度较快。而生蛋里面是液

体，相对蛋壳转动速度较慢，在蛋壳内壁和蛋清面之间形成一个阻力，这个阻力会使生蛋旋转速度变慢而停下来。

硬币去哪儿了

有一天，小波坐在书桌前做作业，休息期间，他把倒满水的玻璃杯压在了一枚硬币上，之后再将一本小书盖在了杯子的上面。突然间，小波竟然瞪大了眼睛，一件奇怪的事情发生了——那一枚硬币看不见了。

这究竟是怎么回事呢？

参考答案

原来，光线从物体上反射到我们眼睛里，我们才能看到这个物体。小波遇到的情况，事实上硬币并没有消失，只是小书挡住了光线的传播。光线从一个透明物体进入另一个透明物体时会发生折射，这就将硬币所成的图像的位置往上移了，这和我们平时看到游泳池的底部比实际情况要浅的情况是一样的道理。

神奇的加法

一天，放学回家后，敏敏在做一道这样的题：把1、2、3、4、5、6、7这7个数字按顺序写出来，然后在不改变数字顺序的情况下，添几个加号，在哪里添加，才能使这几个数字相加的和为100呢？

跟福尔摩斯学做大侦探

敏敏一直思考着这道题，在草稿纸上反复地算着，草稿纸都用了好几张了，却怎么也做不到使它们的和为100。这个时候，敏敏的哥哥也放学回家了，当他看到敏敏那愁眉紧锁的样子时，就知道敏敏一定是被某个问题难住了。于是，便朝敏敏走了过来。只见他看完题之后，稍微思索了片刻，便很快将题给解出来了。

你知道敏敏的哥哥是怎么解出这道题的吗？

参考答案

敏敏的哥哥在这7个数字间只添加了4个加号就轻松地解出了这道题，即：$1+2+34+56+7=100$。

谁是撒谎的人

一天，吉姆先生下班之后，粗心的他将3000美元现金落在了客厅的桌子上面。过了很长一段时间后，他才突然想了起来，但等他走到客厅的桌子旁时，发现钱已经不见了。要知道，此时家里除了自己外，只有他的两个孩子凯琳和凯莉，再没有其他人了。

于是，吉姆先生对两个孩子进行了询问。

凯琳回答说："我看见了，我把它放在了你房间书桌上，用一本蓝皮书压着了。"

凯莉回答说："我也看见了，我把它夹在了蓝皮书的第 211 页和 212 页之间。"

吉姆听完两个孩子的话后，立刻就明白究竟是谁撒了谎。

撒谎的人是谁呢，你知道这其中的原因是什么吗？

 参考答案

撒谎的人是凯莉。因为第 211 页和第 212 页是一页。

凶杀现场是伪造的

某天晚上，由于天气的突变，沿海的某市受到了台风和暴雨的袭击。

第二天早晨，一具男尸被发现于该市的某一公园内，浑身湿淋淋的，并趴在地上。另外，在死者的旁边还有一顶死者的帽子。现场并没有留下任何其他的痕迹，根本找不到任何一个目击证人。最后经法医断定，死者死亡已多达 20 个小时。负责此次案件的警官断定，这是个伪造的凶杀现场，真正的凶杀现场并不在这里，因为死者是被人从其他地方搬运来的。

那么，这位警官是根据什么下此结论的呢？

其实，这个案件的破绽就在那顶帽子。由于在死者被发现的前一天晚上，有台风刮过，因此，死者的帽子是根本不可能遗留在现场的。

高明的骗术

某天清晨，一具尸体被发现于一堵围墙外的大树下。警方在接到报案后，立刻前往现场。在现场警方发现：死者赤着脚，脚底板有几条从脚趾到脚跟的纵向的伤痕，伤痕处带有血迹，且旁边有一双拖鞋。

"死者是想爬树翻入围墙，但由于不小心就突然摔死了，他极有可能是想行窃。"一名警察说。但是老练的警长却说："不，这个人根本不是从树上摔下来的，而是被人谋杀后放在这里的，凶手这样做，是为了制造一个被害者不慎摔死的假象。这只不过是凶手的一个骗术而已。"

警长这样说的理由是什么呢？

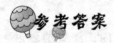

因为死者脚底板上有几条由脚趾到脚跟的纵向伤痕，如果他只是爬树时从树上摔下来的，那么他的脚底板不可能有纵向的伤痕。因为人在爬树的时候，要用双脚夹住树，如果脚底受伤，伤痕也只能是横向的。因此受害者死于他杀。

意外发现

冬日里的一个早上，由于前一个晚上下了一场大雪，天气格外的寒冷，气温突然下降到了 −6℃。一名刑警为了调查一名涉案的嫌疑犯，冒着严寒来到了这个嫌疑犯的家里。

当刑警问到夜里有没有 10 点半左右不在作案现场的证明时，这个独身女人回答："昨晚 9 点钟左右，我那台旧冰箱出了毛病，造成短路停了电。由于我对有关电的知识一窍不通，因此无法自己修理，便吃了片安眠药睡了。今天早上，也就是刚才不到 20 分钟之前，我给电工打了电话，他说只要把大门口的电闸合上去就会有电了。"

刑警听完这名女嫌疑犯的回答之后，接下来便开始扫视整个房间，他有了一个意外的发现：室内的玻璃鱼缸里的热带鱼在欢快地游着。此时，他便将这个女人的谎言识破了。

那么，刑警究竟发现了什么呢？

 参考答案

玻璃鱼缸里养的是热带鱼。看到热带鱼欢快游动，刑警便识破了这个女人的谎言。因为在下大雪的夜里，如果真的停了一夜的电，那么鱼缸里的自控温度调节器自然也会断电，到了第二天早上，鱼缸里的水就会变凉，热带鱼也就会冻死。

跟福尔摩斯学做大侦探

小女孩的智慧

强强玩乒乓球玩得特别好，妹妹兰兰最近也迷上了乒乓球，她一直吵着要强强陪她玩乒乓球。强强被吵得受不了，于是想了一条妙计："兰兰，这袋子里有两个乒乓球，一个是黄色的，另一个是白色的。现在，要你伸手拿乒乓球。如果你拿到黄色的，我就陪你玩，但如果拿到白色的，你就应该放弃，而且不能再吵我！"

兰兰的眼睛顿时亮了起来，但此时却瞥见强强往袋子里面放了两个白色的乒乓球。那么，不论她拿到哪一个都会是白色的。

兰兰是不是玩不成乒乓球了？

参考答案

当然不是。兰兰从袋子里拿出乒乓球后，立刻藏起来，让强强看袋子里乒球的颜色，就知道兰兰拿的球的颜色了。袋里一定是白色的。强强当然无话可说了。

聪明的豆豆

一天，豆豆在做完了作业之后就想出去玩儿，可是却被姐姐佳音拦住了。爸爸妈妈因为有事出去了，晚上很晚才能回来，临走的时候，特意嘱托佳音不能和妹妹出去玩，并且一定要照顾好妹妹。很显然，佳音按照爸爸妈妈的要求做了。

但是，看到豆豆那着急而又不高兴的样子。佳音耐心地向妹妹豆豆

讲了不出去的理由。豆豆乖乖地点了点头。佳音然后又说："豆豆，现在姐姐给你出一道题，如果你答对的话，姐姐不但让你看你最喜欢的动画片，还陪你做你最喜欢的游戏，如答错的话，你只能看动画片了。"

"快出题呀，姐姐！"豆豆高兴地说。

只见佳音迅速地拿了6只纸杯过来，放在桌子上面，一字排开，并将前3只纸杯子装满了水。紧接着说："豆豆，看好了，这6只杯子当中，前面3只盛满了水，后面3只是空的。你能只移动1只纸杯，就将盛满水的杯子和空杯子间隔起来吗？"

没有想到，豆豆略微思考了一下，随后又动了一下小手，便将问题解决了，并与姐姐一起度过了一段快乐的时光。

你知道机灵的豆豆是怎样做的吗？

参考答案

原来，豆豆直接把第二个满着的杯子里的水倒到第五个空着的杯子里。

假项链

一天早上，狐狸大婶的首饰店里来了一个鬼鬼祟祟的人。他走进首饰店之后，东看看，西瞧瞧，逗留了一会儿就走了。

中午，狐狸大婶在清点货物时，突然发现多了一条项链，由原来的8条变成了现在的9条，而且旁边多了一张字条，上面写了一行字：这些项链当中，有一条是假的，它比其余的项链都轻，你必须在一个没有砝码的天平上称两次，并且把假项链挑出来，否则的话，你就别想开这个店了。狐狸大婶看着这些字，思索片刻，就有了主意，于是，她按照

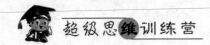

字条上的要求，很快就把那条假项链挑了出来。

你知道狐狸大婶是如何做到的呢？

 **参考答案**

原来，狐狸大婶先把所有的项链分为1、2、3三个组，每组3条。第一次：先称1和2两个组，如果天平是平衡的话，那么假项链肯定就在第3组；如果不平衡，那么假项链肯定就在较轻的一组。第二次：把有假项链的那组取两个放在天平上，如果是平衡的，假的就是没有称的那组，余下的就是没有称的项链，如果不是平衡的，那么轻的就是假项链。

神秘的气球

一天，两个小伙伴皮皮和毛毛在一起玩耍。他们在另个相同的盆子里装了等量的凉水，然后又把两个相同且装满水的气球分别放进了两个盆子中。可是，气球却一个沉在水里，一个浮在水面。这让两个小家伙的脸上都充满了疑惑的表情。

你知道这究竟是为什么吗？

 参考答案

因为两个气球一个装的是热水，一个装的是冷水。装热水的气球温度高，密度就会变小，所以它就变得比装冷水的气球轻，自然会浮在水面。

下毒的凶手

杰夫和马可是同父异母的兄弟，最近因为财产的继承问题闹得不可开交。

一天晚上，弟弟马可来到了哥哥杰夫经营的酒吧里，好像还是为了解决遗产问题来的。当马可刚进到酒吧里不久，杰夫就为马可调了一杯加冰块的威士忌给马可。但是马可怕被杰夫毒杀，所以根本不敢喝。

"弟弟，我好意请你喝酒，你却怀疑哥哥下毒？既然你怀疑，那么哥哥先喝。"

杰夫说完，随即喝了半杯，然后说："这下你可以放心了吧！"

于是，弟弟马可也不便拒绝了，慢慢地喝着剩下的半杯酒。但是，马可刚喝完，却突然倒地而死。

等到侦探赶到现场，在勘查完现场、问明具体情况后，很快就判断出是杰夫在酒中下毒谋杀马可的。但是，现场的许多工作人员和客人却证明，杰夫确实喝了马可杯中的半杯酒。听到侦探的结论，他们每一个人都感到十分的惊讶。

你知道侦探是如何进行分析的吗？

原来，杰夫将毒包在冰块里，当自己喝那杯酒时，冰块还未融化，所以毒液还未渗透到酒中，当马可慢慢喝完酒时，毒已混在酒液里了。

淮是凶手

一天，某男子在杀人之后便逃之夭夭。警察赶到现场后，根据目击者提供的情况，在一家宾馆里发现了这名嫌疑犯。可这名嫌疑犯说自己一直在这儿，就在这里看电视，根本就没有离开过宾馆。宾馆经理和周围的人以及宾馆的工作人员也证实了他的说法。可目击者却一致确认，从相貌和衣着上看，这名男子就是那个作案者。后来，警察化验了凶手留下的指纹，发现这名男子的指纹与凶手的指纹明显不符。

一名警官忽然明白了，于是，他赶紧和另外一名警察一同去查了这名嫌疑犯的户口簿。果真如此，根据这个线索，很顺利就把凶手抓到了，并且证明真凶不是宾馆里的这名男子。

请你仔细想一想警探是如何找到真凶的呢？

警察猜想，这个嫌疑犯很可能有一个孪生兄弟，找户口簿一看，果真如此。因此，他们很快将真凶抓获了。

颜色不同的帽子

在动物王国的一次生日派对上，大家都准备了许多有趣的节目。其间又有一个新的节目开始了，那就是猜帽子的颜色，是由猴子妈妈的三个孩子表演的。三顶红帽子和两顶黑帽子已经准备好了，只见在前面扮演小丑的大毛、二毛、三毛排成一列，大毛后面站着二毛，二毛后面站着三毛。

大象伯伯给他们三人头上各戴上了一顶帽子，剩下的帽子被藏了起来。他们可以看到前面的人帽子的颜色，但看不到自己的。

"三毛，你的帽子是什么颜色?"小松鼠问。

"不知道。"三毛回答道。

"二毛呢?"小梅花鹿问。

"我也不知道。"二毛回答道

这时候，谁的帽子都看不到的大毛却说："啊！我知道了。"

请问小猴子大毛的帽子是什么颜色呢?

参考答案

红色。假设大毛和二毛的帽子都是黑色的，而会场上只有两顶黑帽子，那么三毛应该立刻回答自己的帽子是红色的。所以，大毛和二毛戴

的帽子有两种可能：①一顶黑色和一顶红色；②两顶都是红色。二毛看得到大毛的帽子，如果大毛戴的是黑色的话，便符合①的状况，那么二毛应该可以答出自己的帽子是红色的才对。他之所以答不出来的原因，相信你也已经猜到了吧，那就是因为大毛的帽子是红色的。

弹头哪里去了

一天晚上，一声枪响之后，一名富翁死在了别墅的花园里。警方接到报警之后，火速前往现场，经过周密细致的现场勘查，警方发现这名富翁的胸口有一处伤痕，是被子弹射中造成的。之后，法医对死者进行了解剖，发现子弹击中了心脏，伤口有 10 厘米深。但是，令人感到十分奇怪的是弹头却不见了。

此后，经过警方的努力侦查，发现凶手是一名职业杀手。这名杀手为了使自己不留下任何的杀人线索，采用了一种特制弹头，这种子弹头射进人体后会自动消失，而不容易被警方发现。

你知道这种特制的弹头是用什么做的吗？

参考答案

原来，这名职业杀手利

用与死者同血型号的血液，经过快速冷冻，变成固体做成弹头。这种弹头射入人体后，会受体温影响而解冻融化成血液，使弹头自动消失。

一块儿观看演出

有一天晚上，法国著名文学家大仲马和他的一位作家朋友一起到剧院去观看由这位朋友所创作的悲剧。在观看的过程中，大仲马发现观众席上的很多人都昏昏欲睡，就半开玩笑地对他的朋友说："难道这就是你所创作的悲剧？这就是它能够带给观众的唯一的感动方式吗？"听罢此话后，朋友只能是默默无语了。

第二天，剧院里又上演了由大仲马创作的《基督山伯爵》，大仲马和他的这位作家朋友又一起前往观看。当朋友在剧院里发现了一个正在呼呼大睡的观众的时候，就立刻指着那个人问大仲马说："看来你的这部剧作也很有威力啊，要不然这位观众怎么会睡得这么香甜呢？"大仲马听完朋友所讲的话之后，知道这是朋友在报复自己昨天开的那个玩笑，就很快想到了一个回答问题的办法。而听了大仲马的回答后，这位朋友就立刻哑口无言了。

你知道大仲马是如何回答他朋友的问题的吗？

 参考答案

原来，大仲马不紧不慢地回答说："朋友，难道你还没有看出来吗？其实这个人就是昨天看你的悲剧时睡着的人中的一个呀？只不过，直到现在他还没有睡醒呢！"

机智的回答

清末年间，湖广总督张之洞和抚军谭继询等人到江夏一带视察。当时任江夏知县的陈树屏宴请他们，地点在位于长江边上的黄鹤楼。闲谈的时候，不知道是谁忽然提到了黄鹤楼处的长江江面有多宽这个问题。谭继询很肯定地说是五里三分，而张之洞却坚持说是七里三分。两人都不肯接受对方的观点，最后竟然争得面红耳赤。

宴会很可能因此落得个不欢而散的结局。就在这时，陈树屏急中生智，对张之洞和谭继询说了几句话就使二人停止了争吵，尴尬的场面也由此结束，宴会又愉快地进行。

请问陈树屏究竟对二位大人说了几句什么话呢？

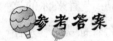参考答案

陈树屏笑着对他们说："二位大人说的都没有错，这江面涨潮时确实是七里三分，而在落潮时则刚好是五里三分。"

老板的智慧

在很久以前的国外，曾经在一段时期内，女人们习惯在外出的时候戴上一顶很高的帽子，而且女人们的这种行为渐渐地成为了当时的一种时尚。即使是在电影院里，那些年轻的小姐和太太们也不肯将她们的帽子摘下来。可是，这显然会给坐在后面的观众带来了极大的不方便。而恰恰就是因为这个原因，到电影院里看电影的观众变得越来越少，甚至

有一些电影院已经面临倒闭的危机了。

有一家经营不错的电影院也面临着同样的问题，营业额一直在下滑，老板眼看着自己的生意就要破产，心中十分的担忧，一直在想办法解决这个问题。他经过左思右想，最后决定再用一个办法来试试看。令人惊讶的是，自从这个老板用了这个办法以后，电影院里就再也没有女人头戴着高高的帽子看电影了。于是，电影院的营业额开始上升，生意又慢慢地好了起来。

那么，这位老板究竟用了一个什么样的办法呢？

参考答案

这位老板的办法是：在每场电影正式放映之前，先在银幕上打出"为了照顾老年妇女，本影院特别允许她们戴着帽子观看电影"几个字，这样一来，所有的女观众为了不被别人认为自己是一个老年妇女，自然就把各自头上的那顶帽子摘了下来。

神奇秘密通道

有一天早上，谭小旭送画到袁先生的寓所，当他看到敞开的大门时，觉得十分惊讶，于是就加快了前进的步伐。还没有进到袁先生的室内的时候，一阵阵痛苦的呻吟声传入了谭小旭的耳朵，他急忙闯入室内，突然发现有一个警察负伤倒在地上，根本没有袁先生的踪影。眼前的一切令他目瞪口呆。此时的谭小旭依然手足无措地站在那儿，负伤的警察忍痛发出微弱的声音：

"秘密……地道……逃……走了……"说着，用手指向床底。谭小旭这时才缓过神来，他发现有一块板子，猜想大概人就是从这儿逃走

的吧。

"掀……板……开关……米……勒……"

警察说到这儿就断气了。谭小旭钻到床底，想要掀开板子，但是用尽全身的力气却怎么也打不开。

"开关……米勒……他是否说开关设在米勒那幅画的后面？"这幅米勒画的复制品是谭小旭上次送来的；于是他走到钢琴旁，把挂在墙上的那幅画取了下来，他仔细打量着洁白的墙壁，就是找不到开关。

好奇心极强的谭小旭，为了寻找秘密通道的开关，竟然将报警的这件事给忘记了。

"秘密通道的开关，你究竟在哪儿呢？"

在他着急万分的时候，还是静下心来，他突然灵机一动："啊哈！原来就是在这儿。"

此时的他这时才想起了报警这件事情。

谭小旭究竟是在哪儿找到了这秘密地道的开关呢，你能解开这个谜团吗？

参考答案

原来，钢琴上的键盘就是秘密通道的开关。谭小旭发现室内竟然放着一架钢琴，有一肚子的疑惑。他静下心来仔细想了想，最终还是解开了秘密通道的开关之谜。

警察所说的"米勒"，并不是指米勒的画，而是钢琴上的3、2两个音节。按下钢琴上的"3、2"两个键盘之后，秘密地道的开关自然就被打开了。

画家被杀之谜

李刚是一位著名的画家，因此他的画很值钱，但是他的画绝大部分都不卖，只送给朋友或慈善机构。让人感到十分遗憾的是，一场意外的车祸曾经发生在他身上，他只能以轮椅代步。李刚的住宅是一幢五层楼高的独立洋房。为了方便，他请人安装了专用电梯。哥哥李强失业很久了，于是李刚就叫他来做助手，同时也可以照顾自己的起居生活。兄弟二人相处十分融洽。

有一天，李刚的同学许亮来探望他。许亮也是一个坐轮椅的人，他这次带来了慈善机关的钟先生，他们准备与李刚再商讨是否可以资助一家孤儿院的事情。

当许亮和钟先生进门时，李强接待了他们，请他们在一楼大厅坐下后，李强就用对讲机与楼上的李刚通话，要求带客人上五楼画室，但是李刚坚持下楼与客人见面。

他们看到电梯在四楼停了一下，然后就下来了。电梯到一楼后，电梯门就自动打开了。他们突然看到李刚竟然死在狭窄的电梯内；他的后颈被一把锐利的短剑刺穿，在短剑的剑柄上系着一条粗橡胶绳子。

李强慌忙走进电梯内，把李刚的尸体和轮椅一起推出来，为他把了一下脉，脉搏已经停止了跳动。

"奇怪，难道四楼的画室有人？"

"除了电梯之外，还有没有步行梯？"

许亮及钟先生着急地询问李强。

"嗯，还有一个紧急用的回旋梯，如果凶手真的在楼上，那么要逮住他，是件非常容易的事情。"

"那么我们现在立刻分成两批来进行搜查。"

坐轮椅的许亮乘电梯上去。许亮到了四楼，一个人影也没看见。他溜了一眼李刚的画室，图画零乱的散在地上；就在这时候，李强也气喘吁吁地从回旋梯上来了。

钟先生利用画室的电话通知了警察，随后也跟着李强，钻入电梯的纵洞内。过了一会儿，只有他一个人从里头钻了出来，手脚、裤子都沾满了灰尘。

现场中四楼画室的窗子，都镶上了铁窗栏，所以凶手根本没办法从窗口逃出。李刚是坐电梯下楼时遇害的，电梯由四楼到一楼，根本没有停止过，凶手不可能避开三个人的视线逃走。

这时候，许亮忽然想到，他刚才乘坐电梯时，看到电梯的顶板上有一个气孔。他好像突然明白了什么，悄悄地对钟先生讲了几句话。

"哦，我也明白了，原来他哥哥在我们来访之前，就先做好了手脚，待会儿警察来了之后，我就把他逮住交给警方。"钟先生低声应道。

你知道许亮为什么确定李强就是杀死李刚的凶手吗？

参考答案

原来许亮在乘电梯上四楼时，看穿了李强的计谋。在短剑的柄上，连接了一条绳子然后拉到电梯的换气孔；而橡胶绳子是系在电梯顶端的操纵孔上。当四楼的李刚乘坐电梯下楼时，橡胶绳子就会随着电梯的下降而伸长，当它的长度无法与电梯的长度成正比时，橡胶绳子就会断掉，因为它有反弹力的缘故，短剑就会像弓箭般坠下，刺到了坐在轮椅上的李刚。

在专用电梯内，坐轮椅的李刚经常都是坐在同样的位置上，所以短剑下落的方向，凶手可以事先预测出来。而李刚乘电梯时很少往上看，所以，根本没有注意换气孔的短剑。

小溪的歌唱

　　夏天来了，虽然天气炎热，但是在山林之中，空气依然很凉爽。有两只小猴子大毛和二毛在尽情地玩耍，时不时的从一棵树上跳到另一棵树上。它们玩累了以后，就跑到了附近的一条小溪边喝水。小溪里的水真清啊，清的可以看到水底的一块块小石头，溪水一路唱着动听的歌向山下跑去。二毛听着潺潺的流水声说："为什么小溪会唱这么动听的歌，我不会唱呢？"大毛虽然很聪明，但是对于这个问题，他真的不知道怎么回答。

　　那么，你知道小溪为什么会唱那么动听的歌吗？

小溪由上往下流的时候，裹住了一部分空气，并形成了气泡。气泡一破裂，小溪就会发出潺潺流水的声音。

书生巧用标点

一天，有一个叫陈志的书生到朋友王仲家做客，傍晚的时候突然下起了瓢泼大雨，他只得住下来。但是这位朋友王仲有些不乐意，于是就在纸上写了一句话：下雨天留客天留人不留。书生陈志看了，马上就明白了王仲的意思，知其不好明说，心想：一不做、二不休。只见他也拿起笔来，直接在上面加了几个标点：下雨天，留客天，留人不？留！王仲一看，自己原来的意思完全被颠倒了。但是也无话可说，只好给陈志安排了住宿。

其实，这句话除了陈志想到的这种点标点的方法外，还有三种点标点的方法，可分别使这句话变成陈述、疑问、问答三种句式，那么，请问你能巧用标点，把这三种句式写出来吗？

参考答案

陈述句式：下雨天，留客，天留，人不留。

疑问句式：下雨天，留客天，留人不留？

问答句式：下雨天，留客天，留人？不留。

寻找花仙

古时候，有一个打算进京赶考的秀才，为了能够榜上有名，于是每天都把自己锁在一个寂静无人的花园里刻苦攻读。秀才常常读书读到深夜，有时候甚至忘记了吃饭的时间。秀才的求知上进与刻苦精神使一位花仙爱上了他，所以就每天晚上，花仙都会到秀才的房间里伴读，直到天快要亮的时候才飘然离去。

渐渐地，秀才也对这位花仙产生了爱慕之情，于是就对花仙提出让她留下来陪伴自己的要求。可花仙却笑着告诉秀才，自己就是由花园里的一朵牡丹变化而来的，如果秀才能够在天亮之后认出哪一朵牡丹就是自己，那么她答应嫁给秀才，做他一生一世的妻子。

于是，当花仙离去之后，秀才依然没有入睡，他等到天刚刚亮的时候就立刻来到了花园之中，左看看，右看看，牡丹花几乎都长的一样啊。可到底哪一朵牡丹才是自己的花仙呢？心急如焚的他不知怎么办才好。于是秀才站在牡丹花旁开始思索。没过多久，他终于想到了一个办法，并很快就在这些牡丹中认出了花仙，也得到了自己一生的幸福。

那么，秀才到底是怎样认出哪一朵牡丹才是自己心爱的花仙呢？

 参考答案

花园中那些普通的牡丹经过了一夜的时光之后，花瓣上一定会沾满了夜的里露水，而因为花仙在自己房间里伴读，所以她所变成的牡丹也不会留有露水。秀才想到这些，他便很快在花园之中找到了花瓣上没有露水的那朵牡丹，自然也就找到了自己心爱的花仙了。

挪桥墩的智慧

有一次，山洪暴发，河上面的一座小桥被冲毁了，钢筋水泥制成的桥墩甚至也被冲到了河的下游。这给河两岸人们的生活带来了极大的不便。于是，人们便立即决定在原来的位置上再重新建造一座新桥，但前提是必须把已经被冲到下游的桥墩挪回来。

在做出决定后不久，大家便开着两条大船，准备将陷在泥沙中的桥墩拖走，可是桥墩确实陷得很深，大家拉断了好几根粗壮结实的绳子，却仍旧无法将桥墩的位置挪动一点点儿。

"看来靠这种办法是不能挪走桥墩了。"一位中年人说道。

"那么还有什么别的更好的办法吗？"一位小伙子问。

此时在场的所有的人都发了愁。

"我有挪动桥墩的方法了！"就在这个时候，一位很有经验的老工人猛地站了出来。紧接着这位老工人便将他的方法仔细地给大家讲解了一下。大家也都按照他的主意很快去做了，过了一段时间之后，果真就把沉重的桥墩挪到了原来的位置上。

这位老工人的方法到底是什么呢？

参考答案

老工人的方法是：先用沙土把两条大船装满，然后把船划到桥墩的上方，用绳子将桥墩与两条大船套牢，最后再把两条船上的沙土卸掉，这样就可以利用水的最大浮力把桥墩从泥沙中拔出来。等桥墩整个被拔出来之后，再用大船来托运它就容易得多了。

小甘罗的机智

甘罗，战国时楚国人，从小聪明过人，是著名的少年政治家。小小年纪拜入秦国丞相吕不韦门下，做其才客。后为秦立功，12 岁被秦王拜为上卿。由于上卿是战国时诸侯国最高的官职，相当于丞相，民间因此演绎出甘罗 12 岁为丞相的说法。

有一天，秦国军队举行演练，秦王让年仅 5 岁的小甘罗一同前往观看。当秦王看到训练场上密密麻麻的士兵，以及他们身后摆放着的无数的兵器后，就对文官武将说，如果谁能够在自己击掌十次的时间里查出到底是士兵多、还是武器多，那么他将重重地奖赏这个人。

在场的所有的大臣都认为这是一件不可能的事情，而当小甘罗听到这件事后，很快就想到了一个办法。于是，他对秦王说自己根本就不用击掌十次，只需要击掌三次的时间就足够了。秦王当然根本一点儿也不相信，可事实证明，小甘罗并没有吹牛，他真的只在秦王击掌三次后就给出了自己的正确答案。

聪明的小甘罗到底是如何做到的呢？

参考答案

原来，小甘罗的办法很简单，他命令所有的士兵都在击三次的时间里拿起一件武器，这样等到秦王三次击掌过后，一眼便可以看出到底是士兵多了，还是兵器多了。

地主的诡计

从前，有一个地主，家里面有很多的钱，也有很多的土地，于是他雇了好几个长工为他干活。这个地主不仅十分吝啬，而且还十分狠心，总是让长工们没日没夜地干活。令长工们感到更可气的是这个地主诡计多端，总是时不时地想出各种各样的办法来克扣他们的工钱。

一天，地主叫来一个年龄特别小的长工，让他去镇上为自己买些猪肉来，可他又反复地叮嘱这个小长工说："我不要肥的，也不要瘦的；不要内脏，也不要五官；不要四肢，也不要皮骨，而且你还必须按照我的要求买回两种这样的猪肉来，否则的话，你这一个月的工钱就别想要了！"听罢此话，小长工心里暗想：这狠心的地主明摆着是在为难我，

而这样的猪肉又要到哪里去买呢？但是，他依然还是往镇上的那个方向走去。

到镇上之后，这个小长工转了又转，却始终找不到地主要的那种猪肉。"不要肥的，也不要瘦的；不要内脏，也不要……"地主的这句话始终在他脑海中盘旋。突然，一个好办法在他的脑子里显现，最后，小长工很快买回了猪身上的两种东西。

请你猜一猜，这个小长工买回的究竟是猪身上的哪两种东西呢？

**参考答案**

原来，小长工买回来的两种东西分别是猪血和猪脑，刚好符合地主的要求。

声音从哪里来的

"池塘边的榕树上，知了在声声叫着夏天，草丛边的秋千上，只有蝴蝶停在上面，黑板上老师的粉笔，还在拼命唧唧喳喳写个不停，等待着下课，等待着放学，等待游戏的童年……"北北嘴里哼着歌儿。这首歌是很早以前流行的歌曲，有一天，他无意之中从叔叔那里听到了这首歌，觉得很喜欢，于是最近经常唱。

夏天天气可真炎热啊！下午放学后，北北又哼着那首歌与邻居皓皓一同回家去。他们中途路过一棵矮小的小树旁，知了停在树枝上"知了知了"叫个不停。两个小伙伴都停了下来，静静地观察着。"咦！知了的嘴巴和翅膀都没有动，知了的声音是怎么发出来的呢？"皓皓很纳闷地说道。此时，知了好像听到了他们的声音，不叫了。

带着这些疑问，他们轻轻地又走近了一些，进行近距离的观察。过

了一段时间，知了又鸣叫起来了。"捉一个拿回家去养起来再做仔细地观察吧！要不然我们回家会很晚的。"北北低声说道。于是北北快速地伸手将其捉住，装进书包中。

回家后，两个小伙伴就一起观察，经过多次地观察他们发现知了的每一次鸣叫，它的腹部的几个节一直在不停的抖动，而且速度很快。难道"知了知了"的鸣叫声是从这里发出来的？他们都半信半疑。

北北又去问了爸爸，爸爸仔细地为他们讲解了一下，两个小伙伴终于明白了知了的鸣叫声从何而来。

那么，请问你知道知了的鸣叫声是从发哪里发出来的吗？

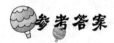参考答案

知了也叫蝉，它的鸣叫声是从腹部发出来的。因为在蝉的腹部有一个发声器，发声器长在腹部两侧，是由盖板、镜膜、声鼓和共振室四部分组成，此外还有操纵这些器官声肌和相应的神经系统，共同担负着发音的动作。但是只有雄蝉的发声器，才能连续不断地发出响亮的声音，雌蝉的发声器是不能发出声音的。

加热之后的变化

一天，亮亮放学之后，做起了一个小小的实验。只见他把铁丝绷直，然后用螺丝钉将其两端固定，并悬空。再用蜡烛在铁丝中间加热。过了一会儿，他发现铁丝真的发生了弯曲。

请问铁丝为什么会发生弯曲呢？

因为亮亮已经把铁丝两端都固定了，而铁丝受热后发生了延长，而又无法伸展，也就只能发生弯曲。另外，有关研究人员也曾发现，如果把铁丝设法降低到很低的温度，也会发生一定程度的收缩，而如果铁丝的两端已经固定的话，收缩超过一定的限度，就会很可能发生断裂。

纸为什么会变黄

周六的早上，阳光明媚，明明就对爸爸说："爸爸，今天天气真好啊，我们有什么活动呢？可不能把这美好的一天给浪费了啊！""有意义的活动啊，让我仔细的想一想。"爸爸若有所思地回答。谁知过了片刻，爸爸饶有兴致地说："让我的那些书和报纸晒晒太阳吧！那样它们的寿命会更长久一些。""好吧，我很乐意帮忙。"明明很爽快地答应了。因为他知道爸爸特别喜欢收藏一些有价值的书籍和报纸。

在它们忙碌的过程中，明明发现其中的一些书和报纸变黄了，尤其是在阳光下，显得更加明显。对此，明明感到非常的不解。于是明明就问爸爸，爸爸回答完之后。明明明白了其中的原因。

那么，请问你知道纸变黄的原因吗？

参考答案

原来，书是用木材的浆做成的，木材只有经过许多工序把水分挤干，才能制成纸张，同时，木材中的纤维素也就移到纸张里。有了纤维素，新纸就会变得十分有韧性。但是，在纸张生产出来以后，空气中的

氧气就会和纸里的纤维素慢慢发生化学反应，纸也就变成黄颜色。因此，光线也是纸张的一个大敌，它也会和纸张里的纤维起化学作用。时间长了，纸张就变黄、变脆。

糖也会带电吗

放学了，明明和亮亮这两个小邻居又一起朝回家的方向前进了。这两个小伙伴时不时地都有稀奇的事情告诉对方。

明明问亮亮："你见过带电的糖吗？很稀奇的哟！"

"开玩笑，糖会带电吗？"亮亮惊奇地反问道。

"那好，今晚你去我家，我让你看一看我那神奇的魔法，嘿嘿！"明明一点儿没有开玩笑地说。晚上，好奇的亮亮真的去了。明明让亮亮进到自己的房间之后，关掉灯，拉上窗帘，等他们的眼睛适应黑暗之后，明明取两块方糖，像擦火柴一样迅速摩擦两块方糖。令亮亮没有想到的是两块方糖碰撞的时候，他真的看到了微弱的光芒。

灯打开之后，亮亮看了，发现那两块糖不过是普普通通的糖而已。起初亮亮还以为那是特制的糖呢！但是，亮亮不明白其中的奥秘所在。

请问你知道这其中的奥秘吗？

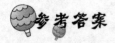参考答案

其实，这是一个关于压电现象的游戏。在自然界中，当有一些固体介质被挤压、拉长时，晶体会产生极化，在相对的两面上产生异号束缚电荷。糖的晶体就有这种特性。在糖分子中都存有化学能，敲击两块方糖，压力的作用能将化学能转化为光能，因而就能够看到光亮。

青蛙的本领

暑假的时候，果果被送到了乡下的爷爷家，果果和那里的小伙伴玩得十分开心。果果还能听到青蛙的叫声，特别是在晚上的时候。爷爷告诫过果果，小孩子不能到池塘边玩耍，因为很危险。于是有一天，果果缠着叔叔带他和两个小伙伴去池塘边看青蛙，叔叔也很爽快地答应了。

他们在池塘边待了很久，并仔细地观察着，只见青蛙经常在水里钻来钻去，呱呱呱的叫声时不时传到他们的耳朵里。

"青蛙的本领真大啊！为什么不会被淹死呢？难道是它们有特异功能吗？"

"是啊，因为它们有特异功能啊。青蛙……"叔叔回答说。

那么，请问你知道青蛙有什么样的有特异功能呢？

参考答案

原来，青蛙是用肺呼吸的，但是肺泡不多，只靠肺泡呼吸是根本不能满足身体的需要，还要靠皮肤呼吸。青蛙的皮肤里有很多丰富的毛细血管，能直接同外界进行气体交换，进行辅助呼吸。在水底被罩住的青蛙，不能用鼻孔呼吸，但可以用皮肤呼吸，维持生命，不会被淹死。

苹果为什么不变色

在日常生活中，我们在吃苹果的时候，中间稍微停留片刻，会发现，苹果咬过或削过的地方就变色了，就像被空气污染了一样。

但是，经过盐水泡过的苹果却可以在短时间内不会改变颜色。请问这是为什么呢？

参考答案

原来，苹果去皮以后，里面的茶酚、氧化酶、过氧化氢酶等物质，与空气中的氧气接触会发生反应，形成一种褐色的物质。所以，苹果在空气中放置一段时间后，就会变颜色，而盐水能阻止或减缓这种变化的发生。因此，苹果用盐水浸泡过之后，它的颜色在短时间内是不会改变的。

小鸡的偏好

一天，妈妈不知从哪里买了十几只小鸡，毛茸茸的，甚是可爱。一个星期六的上午，兰兰看到妈妈端着一个装有小米的碗，正朝那些可爱的小鸡走去又要喂给小鸡，她急忙上前，说要自己喂小鸡吃食。于是妈妈便将碗递给了她。

喂小鸡的时候，兰兰发现小鸡吃完米后，东啄西刨，总会再去啄一点沙子吃。兰兰想，见过小鸡吃米粒、馒头粒或菜叶，还没有见过小鸡吃小石子的，难道小鸡没吃饱吗？于是，兰兰又抓了一把米给小鸡吃，过了一段时间，小鸡还是照旧吃小石子。"原来，吃小石子是小鸡的嗜好啊！"兰兰自言自语道。

小鸡为什么会有这种嗜好呢？

 **参考答案**

其实，小鸡不仅喜欢吃小石子，还喜欢吃沙粒，因为小鸡没有牙齿，吃东西不咀嚼，都是囫囵吞下。食物吃到肚子里，得靠沙粒、小石子等来磨碎，这样有助于消化。但是，小鸡不会因此受到伤害，因为鸡的身体里有一个小口袋，也就是鸡胃，鸡的胃由腺胃和肌胃组成，肌胃有较厚的肌肉壁，上面有一层角质皮，鸡吃了小石子后，就像人磨麦子找到了"磨盘"一样，将麦粒磨碎，有利于提高消化和吸收能力。

夏天的萤火虫

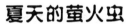

夏天来临了，天气十分的炎热。一个星期六的晚上，玲玲的爸爸、妈妈决定带着玲玲去吹吹海风，顺便欣赏一下海边那美丽的夜景，放松一下心情。于是，他们在太阳落山之后，兴致勃勃地来到了海边。

看到那宽阔的大海，他们心情觉得豁然开朗，开心地在海边游玩了起来。不知不觉夜幕已经来临了。

突然间，玲玲看见许多萤火虫在空中飞舞，像许多小灯在夜空中闪动，她急忙奔了过去。一闪一闪的萤火虫在她周围飞来飞去，而她的眼

睛很长时间都不眨一下。因为只是听过，却没有见过，目睹了这一切，她心里乐开了花。过了一会儿，玲玲心中不由一亮，她立刻捉住一只萤火虫，但是当她打开双手之后，那只小小的萤火虫又一闪一闪地飞走了。

萤火虫为什么会发光呢？看着那些在空中飞舞并一闪一闪的萤火虫，此时玲玲的脑海中已经出现了这个疑问。

请问你能帮助玲玲解开这个疑问吗？

参考答案

萤火虫有一个发光器，它位于萤火虫的腹部，从外表看发光器只是一层银灰色的透明薄膜。实际上，这个发光器由发光层、透明层和反射层三部分组成，发光层拥有几千个发光细胞，它们都含有荧光素和荧光酶两种物质。在荧光酶的作用下，荧光素在细胞内水分的参与下，与呼吸进来的氧气发生氧化反应，发出荧光。实质上是把化学能转变成光能的过程。由于萤火虫有着不同的呼吸节律，便形成一闪一闪的闪光灯。

被偷的珠宝

最近，某市举行了一次大型珠宝展览会，许多珠宝商带着各自的珠宝参加了这次展会，琳琅满目的珠宝，也吸引了众多的观赏者，放眼望去，真是人山人海啊。

突然，一个男子急步走到装有一粒价值连城的钻石的玻璃柜前，抢起锤子一敲，玻璃"哗啦"一声破裂开来，男子迅速抢出钻石，立即乘乱逃走。

警方接到报警后，火速赶到现场，珠宝商哭诉道："柜子是请防盗

公司特制的，玻璃是很特别的防盗玻璃，别说锤子，就是子弹打上去也不会破裂呀！"

经过警方的调查，认定那些碎玻璃的确是防盗玻璃。警方百思不得其解，于是，向名探艾伯特请教。艾伯特稍微思索了一下，便根据防盗玻璃的特性，说出了真正的罪犯是谁。

你能猜出真正的罪犯是谁吗，为什么？

参考答案

其实，真正的罪犯就是制作防盗玻璃柜的经手人。因为防盗玻璃整体难以毁坏，但是，如果玻璃上有一个小缺陷，用锤子在那里一击，玻璃就会破碎，知道这个情况的，一定是制作防盗玻璃柜的经手人，所以他肯定是罪犯。

审狗的智慧

唐朝开元年间，文安县有一个很有名的县官，深受当地老百姓的爱戴。有一次，这一名县官曾受理过这样一个案子。

三十多岁的民妇刘氏哭诉："我的公公和婆婆过世的早，丈夫外出经商已有多年，家中只有我和小姑相伴生活。昨晚，我去邻家推碾，小姑在家缝补，我推碾回来刚进门，就听见小姑喊救命，我急忙向屋里跑，在屋门口撞上个男人，我与他厮打了起来，抓了他几下，但我不是他的对手，让他跑掉了。进屋掌灯一看，小姑胸口扎着一把剪刀，已经断气。望县官大人为民妇捉拿凶手啊！"

县官问："那人长的什么样子？"

刘氏说："天很黑，没看清模样，只知他身高力大，上身光着。"

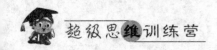
"当时你家院里还有别人吗?"县官又问。

"除了黄狗,家里没有喘气的了。"刘氏答道。

"你家养的狗?"

"已经养 3 年了。"

"那天晚上回家,难道你没有听见狗叫吗?"

"没有。"

这天下午,县衙差役在各乡贴出告示,县官明天要在城隍庙审黄狗。

第二天,好奇的人们蜂拥而至,将庙里挤了个水泄不通。县官见人进得差不多了,喝令关上庙门,然后命差役先后把小孩、妇女、老头轰出庙去。庙里只剩百多个年轻力壮的小伙子。县官命令他们脱掉上衣,面对着墙站好。然后逐一查看,发现一个人的脊背上有两道红印子,经讯问,是刘氏的街坊李二狗,正是他行凶杀人。

县官这次破案与审狗有什么关系呢?

参考答案

县官听到刘氏说家里有条黄狗,晚上又没叫,从而断定凶手必是她家熟人;听了刘氏所说与凶手厮打的经过,进一步肯定凶手是个高个子,背上一定有抓痕。

凶杀现场的扇子

老家在重庆的张茂盛,外出做生意很久都没有回来,家里只剩下妻子一人。令人没有想到的是,四月的一天晚上,张茂盛的妻子竟然被盗贼所杀。那天晚上下着小雨,人们在泥里拾到了一把扇子,上面的题词是赵贵赠给王槐的。

赵贵不知道是谁，
但王槐，人们都认识，
平时言行举止很不庄重，
于是乡里的人都认定是
他杀的人。拘捕到公堂
上，严刑拷打之下，他
也承认了。

案子已经定了，一
天，县令的夫人笑着对
他说："这个案子判错
了。"于是，说出了一番
话……

县令听后果然心服口服，因此去找罪犯，最后这个案子果然真相
大白。

为什么县令的夫人说县令判错案了呢？

参考答案

妻子被杀是四月，夜里下雨，天气一定还显微寒，不需要扇子，哪
里有在杀人的时候，还带着这个东西的呢？明显是为了嫁祸于人。

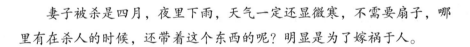

刘墉的礼物

一年，在乾隆皇帝生日即将来临的时候，朝中的大臣们都忙着为乾
隆皇帝准备寿礼。为了讨乾隆皇帝欢心，大臣们各自都搜集了大量的奇
珍异宝。

而刚正的老臣刘墉却没有这样做。他早已看惯了那些趋炎附势的大臣们，当时正是湖南多处受灾，刘墉已经把大量的银子发放给了受灾的灾民。以刘墉的秉性，即使他有银子，也不会给皇帝送什么奇珍异宝的。

谁也没有料到，乾隆皇帝生日那一天，刘墉竟然拎了一个装满了很多姜的铁桶，把它作为礼物献给了乾隆皇帝。

当铁桶上面的红布被掀开的一刹那，乾隆皇帝眼睛瞪得圆圆的，厉声说道："好你个刘墉，这就是你今天送给朕的礼物？"

在场的所有大臣都面面相觑，其中一位大臣悄悄地对旁边的另一位大臣说："刘大人今天可真是自己给自己找难题啊！难道他不怕万岁爷怪罪！"

"是的。但是，若万岁爷知道了这其中的含义，定不会怪罪微臣的！"刘墉说道。

"那你就给朕讲个明白，也让在场的各位大臣听一听，如果你解释的不令朕满意的话，朕定会治你的罪！"乾隆说道。

于是，刘墉就说明了其中的含义。乾隆皇帝听刘墉讲完，立刻就哈哈大笑起来，并当场奖赏了刘墉，因为刘墉的解释实在是令他太满意了。

那么，你能想到这份礼物中究竟有着怎样的含义吗？

参考答案

刘墉说："臣的这份寿礼有着很深的含义，那就是'一统（桶）江（姜）山'"。乾隆听了这番解释后，立刻就理解了刘墉的意思，同时也为他的足智多谋与忠心耿耿所感动，自然就很高兴了。

第三章 推理的细节

顽皮的学生

大约二百年以前，法国著名的动物学家居维叶身边发生了这样一个小故事。

有一次，居维叶的一个顽皮学生想跟他开个玩笑，吓一吓他。

当夜深人静的时候，那个学生把自己装扮成一个头上竖着两只大角、四肢长着蹄子、张着血盆大口的"怪兽"，偷偷地爬进了居维叶的房间。

当时居维叶正在熟睡，他丝毫没有觉察到。

那个学生突然发出凶猛的嘶叫声和喷鼻的响声，做出要吃人的样子。

居维叶被惊醒了，先是一愣，考虑怎样才能迅速而安全地逃走。可当他借着灯光仔细地看了看那头"怪兽"时，突然笑起来，说："原来是个吃草的家伙，我又何必怕你呢！"

说完，他又睡他的安稳觉去了。

那个学生讨了个没趣，只好悄悄地退了出来。

第二天，那个学生实在憋不住，去问居维叶："老师，昨天夜里，

你屋里有没有'怪兽'进去呢？"

居维叶风趣地说："我是专门研究生物的，很欢迎各种'怪兽'到我房间做客，不论是白天还是黑夜。"

那个学生又问："你怎么一看就知道那个'怪兽'只会吃草，不会吃人呢？"

居维叶就对这位学生进行了解释。

这个顽皮的学生听完老师的解释之后，才知道自己恶作剧失败的原因在哪里，并对居维叶说："请老师饶恕我，我的顽皮让老师吃了一惊。"

居维叶笑笑说："顽皮并不可怕，可怕的是无知。好好学习吧！"

你知道居维叶是如何对他顽皮的学生进行解释的吗？

参考答案

居维叶说："判断一个动物是吃草的还是吃肉的，只要观察一下它的四肢、口腔、牙齿和颌骨就会一清二楚。如果一个动物是吃肉的，它的口腔上下的骨头和肌肉一定适宜吞食生肉，牙齿一定十分锋利，能嚼食生肉，眼睛、鼻子、耳朵一定善于发现远处的猎物，它的四肢也一定适宜追赶、抓捕猎物。昨天夜里那个'怪兽'，我一看它的四肢，就知道它是吃草的，不会伤害我，因为它的四肢上长的是蹄子，坚硬的蹄子是不适宜追赶、抓捕猎物的。像老黄牛和山羊的蹄子是抓不住任何小动物的。因此我断定那'怪兽'是吃草的。"

为什么起火

黄女士特别喜欢花花草草，她还在一个大的花卉市场里租了一个面积很大店面，经营一些花卉。买花的人买到自己喜欢的花时，都会眉开眼笑，一脸的兴奋劲儿。每当看到这些，黄女士也十分高兴，因为她也相信，那些买花的人一定也是爱花之人。

一方面是自己的爱好，另一方面为了满足顾客的需要，黄女士在自家院子里盖起塑料大棚栽培稀有花草。可是在一个晴朗的冬日中午，大棚发生火灾，所有花草付之一炬。是大棚中的枯草沾了火引燃的。

然而，令人感到奇怪的是，塑料大棚里没有一点儿火源，也没有人为放火的迹象。大棚外面的地面因昨晚下过一场雨湿漉漉的，所以，如果有人纵火，通常来说会留下足迹的，可周围没发现任何足迹。

黄女士找不出起火原因，便报了案，决定请警察查个究竟。

警察立即赶来，详细勘查了现场。

"黄女士，昨晚的雨量有多大？"

"我院子里雨量表上显示的是约 27 毫米，可今天从一大早起就晴空万里没有一丝云彩呀？"

"阳光直射塑料大棚，里面会产生多高的温度？"

"冬季是十七八度，可这个温度是不会自燃起火的。"黄女士回答说。

"没有取暖设施吗？"

"是的，没有。""棚顶也是用透明塑料苦的吧？""是的。"

"果然如此……。那么，起火原因也就清楚了。"

警察马上找到了起火的原因。

这个塑料大棚究竟是怎么起火的呢？

参考答案

原来，塑料大棚的棚顶有坑洼处。因失火的前一天晚上刚下过雨，雨水积在了棚顶的坑洼处，而积水正好形成凸透镜状，阳光折射聚焦，其焦点的热量使塑料大棚里的干草自燃起火。

采蘑菇的小白兔

下过雨之后，又是一个艳阳天。

"小白，快点起床了。"兔妈妈对小白兔喊道。

"妈妈，你再让我多睡一会儿吧。"小白兔说。

"今天山上可是有许多你爱吃的蘑菇哟，你以后还想吃蘑菇吗？家里可是没有蘑菇了啊！"兔妈妈紧接着说。

听完此话之后，小白兔一骨碌从床上爬了起来，此时的她一点儿睡意也没有了。吃完早饭之后，小白兔就拎了一个大篮子急急忙忙往山上奔去。一路上她还不停地哼唱着歌儿，不知不觉中便来到了山林之中。

蘑菇像一把把小伞一样密布于地面，看到了那么多的蘑菇，小白兔乐坏了。记得以前妈妈带她来采蘑菇的时候，告诉过她，哪些蘑菇是可以吃的，哪些蘑菇是不可以吃的。于是，小白兔按照妈妈所说的，开始忙了起来，一个蘑菇接着一个蘑菇都很快地跑进了小白兔的篮子里面。不一会儿，篮子里面就装满了蘑菇。

小白兔高兴极了，心里想，又有很长的一段时间可以吃到蘑菇了。她又哼着歌儿下山了。到家之后，兔妈妈看到了那一篮子蘑菇，笑着说："哎呀，今天，我们家的小白真能干啊，帮妈妈采了这么多蘑菇。"听了妈妈的夸奖，小白兔心里很高兴。

此时，小白兔突然有了一个问题，她只知道下雨之后有很多的蘑菇，但是为什么呢？小白兔开始让兔妈妈给她讲起了其中的原因。

为什么下雨后山林里会长出很多蘑菇呢？

参考答案

原来，蘑菇喜欢生长在温暖潮湿的树林下和草丛里。它没有种子，依靠孢子来繁殖，孢子散布到哪里，就在哪里萌发成为新的蘑菇。蘑菇自己不会制造养料，只能利用它的菌丝伸到土壤或腐烂木头中，吸取养分来维持生命。所以蘑菇常常生长的地方必须要阴湿温暖而富有有机质。蘑菇是由子实体长大而成的。孢子产生菌丝，吸收养分和水分之后产生子实体。子实体起初很小，等到吸足水分后，在很短的时间内就会伸展开来。因此，在下雨以后，蘑菇长得又多又快。

昙花一现

一天，琪琪的家里突然多了一盆植物。但是，琪琪以前根本没有见过这种植物。妈妈告诉琪琪，这种植物的名字叫昙花，昙花的开花季节一般在 6～10 月，开花的时间一般在晚上 8～9 点钟以后，盛开的时间只有 3～4 个小时，虽然花朵非常美丽，但是非常短促。因此，通常人们用"昙花一现"来比喻美好事物不持久，昙花一现这个成语也就是这个意思。

夏天来临之后，琪琪天天盼着昙花能够盛开。因为，她特别地想目睹一下昙花是究竟怎样的美丽。

有一天晚上，妈妈突然发现昙花有要开的迹象，就叫了全家人一同欣赏"昙花一现"的过程。琪琪也异常兴奋地在旁边等待观看。

只见昙花开放时，花筒慢慢翘起，绛紫色的外衣慢慢打开，然后由20多片花瓣组成的、洁白如雪的大花朵就开放了。开放时花瓣和花蕊都在颤动，艳丽动人。可是只3~4小时后，花冠闭合，花朵很快就凋谢了。

"真是'昙花一现'啊！"琪琪说，"为什么昙花开花时间那么短呢？"

请问，你能解释琪琪的这个问题吗？

参考答案

昙花，常绿灌木，主枝圆筒状，绿色，没有叶片，花大，白色，生在分枝边缘上。昙花属于仙人掌科植物家族，它和家族中的大部分成员都有个特点，就是开花时间极短。昙花总爱在半夜开放，因此它在墨西哥还有个古怪的名字，叫"十二点花"。

昙花通常是白色的，不过有些珍稀品种也有黄色，红色，紫色等等。昙花世世代代生长在中美洲和南美洲的热带沙漠地区。沙漠中白天和晚上的温差变化很大，白天气温高，非常火热，而晚上气温较低，凉快得多。昙花选择晚上四五个小时内开花，而到翌日清晨就凋谢，这样，娇嫩的花朵不会被强烈的阳光晒焦。这种特殊的开花方式，使它能在干旱炎热的严酷环境中生活，繁衍后代。久而久之，这种习性便一代一代地遗传下来了。

为什么植物都向上生长

春天来了，到处都是一派生机勃勃的景象。明明和小伙伴们一起到田野里游玩，明明看到那向上生长的植物，觉得特别惊奇，突然一个奇特的想法在他的脑海中出现了。

回家之后，只见明明拿了一棵盆栽植物，并取来了几本旧书，他将几本旧书叠在一起，然后把盆栽植物斜靠在书堆上，让植物能见到了太阳光。

"我看你还能向上长吗？"明明对这盆植物说道。

妈妈将这一切看到了眼里，也明白了明明的心思，对明明说道："'调皮鬼'！实践出真知啊！"

大约过了七天，明明看到盆栽植物的茎和叶会拐一个小弯，然后继续朝上生长。这与他想象的大不相同，他还以为这个植物会朝它倾斜的方向生长呢。此时的他在想，为什么植物都向上生长呢？

为什么植物都向上生长呢？

 参考答案

原来植物体内含有植物生长素，植物生长素会使植物细胞变长。由于地球重力作用的影响，植物生长素会向下聚集在茎的底部，生长素浓度增高，促进茎细胞伸长，从而使植物的茎向上弯曲生长。

晚上不会开花的郁金香

一天，玲玲的家里突然多了两盆郁金香，一盆是紫色的，一盆是黄色的，都是大花骨朵儿的。这让特别爱花的玲玲心里美滋滋的。

有几天天气好，早上玲玲给它们浇了水后，放到阳台上让它们晒太阳，下午的时候开了，准确地说是花瓣张开，能看见花蕊，但没有完全开。可是等到晚上，它们又合上了！又变成花骨朵儿了。连续两天都是这样。

这让玲玲感到特别的奇怪。

为什么郁金香晚上不会开花呢？

参考答案

鲜花会随着气温的变化而绽开或闭合，而郁金香在暖和的气温下才能开花，因此，白天气温高的时候，郁金香便开花；晚上气温低，郁金香的花瓣便会闭合。

爱睡觉的"睡莲"

夏天，每当太阳从东方升起的时候，池塘中水面上漂浮的睡莲，白天张开花瓣露出妩媚的笑脸，夕阳西下，它又慵懒地合起花瓣，好像进入了梦乡。

睡莲这一"晨醒晚睡"的现象引起了敏敏的注意。她约了好朋友佳佳一同进行观察。每天上午八九点钟，睡莲慢慢醒来，渐渐抬起头迎

接着太阳，到中午时分开放出艳丽的花朵。到了傍晚，暮色降临，它就收起花瓣进入梦乡。

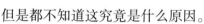

她们对睡莲这种睡觉习性感到很奇怪，但是都不知道这究竟是什么原因。

那么，请问你知道睡莲为什么会有这种"晨醒晚睡"习惯吗？

参考答案

这是因为睡莲对阳光反应特别敏感的缘故。早晨太阳升起，闭合着的睡莲花瓣的外侧受到阳光的照射，生长变慢，内侧层背阳，却迅速伸展，于是花儿就绽开了，像醒来了一样。到了中午时分，花瓣完全舒展开成一个大圆盘，这时候就盛放了。等到了傍晚时分，太阳落山，而这时的睡莲花瓣内侧层受到阳光照射，生长变慢，外侧层正相反，它的伸展逐渐超越了内侧层，于是就慢慢地自动闭合起来。因为睡莲这种特别的睡觉习性，所以它的名字被命名为睡莲。

不怕冷的菊花

秋天，菊花盛开的季节。公园里会有许许多多五颜六色的菊花，有红的、白的、蓝的、紫黄的、粉的等等，简直是美丽极了。

每逢秋天，都会有很多的菊花展会。很多人也都喜爱赏菊，即使在极其寒冷的深秋，人们赏菊的热情也依然不减。而菊花们争芳斗艳的热

情也一样没减少，她们迎着严寒竞相开放。有一天，天气非常寒冷，极其热爱养花的王爷爷，带着喜欢花儿的孙女玉莲一同来到了菊花展会上。

看到那各式各样、五颜六色的花儿，玉莲手舞足蹈，这是她第一次看到这么多美丽的菊花。赏花的过程中，玉莲不停地问爷爷很多问题。

"爷爷，要是其他的花，说不定早就冻死了，为什么菊花不怕冷呢？"

"这个……"

王爷爷真的不知如何回答了。因为王爷爷只知道这是菊花的习性，但他真的说不出具体的原因。

那么，你知道菊花为什么不怕冷呢？

 参考答案

在冬天的时候，水很容易结冰，但如果你在一杯水中加上糖溶化后，它就不会结冰，这就说明水中含糖量越高，就越不容易结冰。正是因为菊花体内含有许多糖分，所以在极其寒冷甚至结冰的气候中也能够开放出美丽的花朵。

防止水土流失的森林

星期六的下午，亮亮在看动画片，动画片中有这样一个情景：一个人在不停地砍伐着森林，有一天，当森林被他砍光的时候，突如其来的一阵强烈沙尘暴，把这个人给刮走了，并将附近的村子给湮没了，紧接着"禁止对森林乱砍滥伐"几大字在电视屏幕中显现了出来。

"为什么呢？"亮亮看到妈妈已经来到了自己的身旁，就问了起来。

"因为森林有防止风沙、防止水土流失等好多的作用啊！"

"防止风沙的作用，刚才我在电视里看到了，那为什么森林能防止水土流失呢？"

"因为……"

你知道亮亮的妈妈是怎么回答的呢？

参考答案

因为森林有很强的蓄水能力。6000～7000公顷森林的蓄水能力，与一个库容量为200万立方米的中小型水库差不多。另外，森林中发达的树木根系，也能阻止土壤被洪水冲走。

会飞的蒲公英种子

蒲公英是一种随处可见的小草。蒲公英在开花之后，就会结出许多种子。每年的5月下旬至6月下旬为蒲公英种子的集中成熟期。

蒲公英成熟的时候会结出许多又轻又小的种子，每个种子顶上，长着一丛白色的绒毛，它们聚在一起，组成了一个毛茸茸的"果球"。

此时的你，如果轻轻地采一个毛茸茸的"果球"，轻轻一吹，它们便会在空中飞舞。如果是一阵风吹来，蒲公英的种子也会飞到半空中，轻柔的绒毛使它们能在空中飘扬很长时间，这样，蒲公英的种子就能飘到很远的地方去安家了。

为什么蒲公英的种子会飞呢？

参考答案

原来，在蒲公英的又轻又小的种子顶上，长着一丛白色的绒毛，有

利于它飞上天空。它们聚在一起，组成了一个毛茸茸的"果球"。一阵风吹来，蒲公英的种子就会飞到半空中，轻柔的绒毛使它们能在空中飘扬很长时间，就如同一顶顶微型降落伞。

冬天里的腊梅

大多数植物都在春天和夏天开花，可是腊梅却与众不同。它在温暖的季节里只长叶子不开花，偏偏要到寒冷的冬天，才会开花。

每当冬天来临的时候，你走到外面，你会看到那迎着凛冽的寒风开放的是腊梅，即便是大雪纷飞的日子里，你仍然会看到依然绽放的腊梅。

腊梅为什么会在寒冷的冬天开花呢？

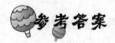参考答案

原来，各种花都有不同的生长季节和开花习惯。腊梅不怕寒冷，0℃左右是最适合它开花的温度，所以腊梅总是要到冬天才开花。

不容易开花的铁树

一天，玉莲在放学回来的时候，发现小区的花园里多了几个模样长得相同的植物。它们形状美观，一根鳞茎拔地而起，四周没有分枝，所有的叶片都集中生长在茎干顶端，并且它们的树叶大而坚挺，形状像传说中的凤凰尾巴。

从踏进家门那一刻起，喜欢植物的玉莲就开始忙着问爷爷，她所见

的是什么样的植物，听完玉莲的描述之后，爷爷就笑呵呵地说："那就是铁树，也叫苏铁，是一种美丽的观赏植物，是地球上现存的最原始的植物之一，它四季常青。就因为铁树叶的形状像传说中的凤凰尾巴，所以呀，人们又把铁树称为'凤尾蕉'。它一般在夏天开花，它的花有雌花和雄花两种，一株植物上只能开一种花。这两种花的形状大不相同：雄花很大，好像一个巨大的玉米芯，刚开花时呈鲜黄色，成熟后渐渐变成褐色；而雌花却像一个大绒球，最初是灰绿色，以后也会变成褐色。但是，铁树不容易开花。"

"为什么呢？"玉莲又问爷爷。

爷爷为了满足可爱的孙女的好奇心，又开始耐心地讲解了起来。

请问你知道铁树为什么不容易开花吗？

参考答案

铁树是一种热带植物，喜欢温暖潮湿的气候，不耐寒冷。铁树开花自然就带有很强的地域性，生长在热带的铁树，10 年后就能年年开花结果。

在我国南方，人们一般把它栽种在庭院里，如果条件适合，可以每年都开花。如果把它移植到北方种植，由于气候低温干燥，生长会非常缓慢，开花也就变得比较稀少了。

我们走，月亮也跟着走

夏日的一个晚上，爷爷带着小雅来到小区的花园里乘凉。祖孙俩人，趁着那皎洁的月光，一边散步，一边聊天。

小雅时不时向爷爷讲一些开心而有趣的话题，但有的时候也会问爷

爷许多的"为什么"。突然，小雅一会儿边走边抬头看看夜空，一会儿又停止脚步看看夜空，这样反复了好几次。爷爷对此感到很惊讶，忙问道："小雅你在干什么呢？"

"爷爷，我发现，我走，月亮也跟着走。"小雅说。

爷爷笑着说："我走，月亮也跟着我走呢。"

"我们走，月亮也跟着走，这是为什么呢？"小雅又问。

紧接着，爷爷就对小雅讲了这其中的原因。小雅这下子可乐坏了。因为这个晚上她又有了新发现、新收获。

请问你知道"我们走，月亮也跟着走"的原因吗？

参考答案

人的视野有一定的限度。走路的时候，很近的东西，因为我们走过了它，所以很快就看不见了；而那些离我们很远的东西，走了老半天也仍旧看得见，月亮离我们很远很远，所以我们一面看着月亮，一面走路，就会觉得月亮也在跟着我们走。

如何称西瓜

一天，农场采摘了一卡车西瓜，派人带上一台小台秤，到一个建筑工地上出售。但是，去往建筑工地的道路崎岖不平，卡车经过一路的颠簸，终于到达工地。负责卖瓜的人发现随车带的小台秤上除了底砣和一个1000克的秤砣还在外，其他的秤砣都丢失了。这样一来，这台秤最多只能称2000克，而送来的西瓜全是大西瓜，大的约8000克，小的也有3000多克。这可怎么办呢？叫人去借秤，可借不到，这可把负责卖瓜的人难为坏了。

此时，建筑工人们已经开始陆陆续续地来买西瓜解渴了。一听说无法过秤，大家都觉得十分扫兴。有一个青年工人沉思了一会儿，说："把西瓜切开来称吧。"大家都认为这是个不错的主意。于是，卖瓜的人便拿起了刀，准备切西瓜。恰在这时，走来一位戴着眼镜、学者气十足的老人。他拦住大家说道："这么多西瓜都切开称，吃不完不坏了吗？我倒有个主意，咱们不妨试一试！"说着，他将自己的手帕从裤袋里掏了出来，随后接过其他人递过来的几条手帕，只花了短短几分钟的时间，小台秤就能称量了。当工人们美美地吃着西瓜时，聪明的老人已不知去向。后来一打听，才知道他就是中国大名鼎鼎的数学家——华罗庚。

你能猜出华罗庚用的是什么办法吗？

参考答案

原来，华罗庚先用手帕分别包上沙石或者其他重物，再将已有的砣放在台秤上，分别称出它们的重量，使其分别为1000、1500、2000等。

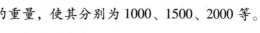

称西瓜时，分别将其挂在底砣上使用，就可以起到砣的作用，用来准确称量了。

聪明的秀才

一天，明代画家唐伯虎画了一张水墨画，他决定把这幅画卖了，于是就来到了杭州西湖畔，将这一张水墨画挂了起来。

这张水墨画画的是一条浑身长满黑毛的狗。画的右边有这样一个说明：此画系谜语画，打一字。有买者付银三十两，猜中者一文不取，赠送此画。画一挂出，便吸引了许多游人过客。人们你一言我一语地猜了起来，过了许久，没一人猜中。就在这个时候，来了一个秀才，只见他站在画前，品赏了一番，随后不久，他二话没说，取下画就走。人们看到这个秀才的如此举动感到十分惊讶，唐伯虎忙上前问道："你买这张画吗？"秀才摇摇头。"那你猜中这张画喽？"秀才点点头。唐伯虎说道："请说出谜底是什么？"秀才还是一声不吭。唐伯虎又连问三声，秀才仍然不回答，拿着画就直接走了。唐伯虎望着秀才的背影哈哈一笑："猜中了！猜中了！"说完之后，他也扬长而去。

这张画是打一什么字？秀才为什么一声不吭地拿着画走了？

是个"默"字黑狗，即为黑犬，故只要你直接拿走这幅画就是你的。

才子问路

明朝时，一天，江南才子唐伯虎听说梅庵有位丹青隐士，就想去请教，于是，他便抽出时间来去梅庵。一路上他看见春光明媚，河山添彩，不禁诗兴大发，边走边吟："十日春寒不出门，不知江柳已摇金，村村户户花如醉，春在枝头已十分。"就这样，不知不觉来到了一个三岔口处，左、中、右三条道究竟走哪条才是通往梅庵呢？

恰在这时，迎面来了一位打着小花伞的姑娘，唐伯虎便上前拱手笑问："请问这位姐姐，去梅庵朱隐士家该走哪一条道？"

那姑娘原本是一位很有学问的老者的小女，平日端庄娴静，见一位俊秀的书生站在面前问路，羞羞答答的也不回话，只见她捡了根树枝在地上写了一个"句"字，就自己朝前走了。

唐伯虎朝着"句"字注视了片刻，马上明白了姑娘的意思，朝姑娘指引的那条路走去，终于到达梅庵找到了那位隐士。

请问姑娘指的是哪条路？

参考答案

"句"字是"向"字少了左边一竖，即向左一直走的意思。

借刀断案

一天，县衙接到报案，说野外有一个重伤而死的人，于是，县令立刻派人去验证，只见死者被镰刀伤了十几处，但是死者的衣服鞋子都

在，随身携带的零碎钱物也都在。县令据此断定这是个仇杀案。于是，派人将死者的妻子找来，秘密问她："你的丈夫平时有仇人吗？"她想了很久说："没有，只是有一个无赖，名叫李二，不久前，他前来借钱，没借给他，他愤恨地走了。"

随后，县令又派人告诉与死者家邻近的村子里的人，都拿上各自的镰刀来验证；隐匿不报的，就按凶手处置。不一会儿，附近村子的人都拿着镰刀来了，县令让把镰刀放在一起，有一百多把。当时正是盛夏，县令看了一会儿，忽然指着一把镰刀，问是谁的，人群中走出来的正是借钱未遂的无赖李二。县令问："你为何杀人？"此时的无赖李二无言以对。

县令是怎么知道无赖李二是罪犯的？

因为无赖李二的镰刀上集满了苍蝇。镰刀是用来割稻子的，在炎热的盛夏，如果镰刀洁净无油腻，无腥味臭味，苍蝇是根本不会聚集在镰刀上面的；现在别人的镰刀都没有苍蝇，只有无赖李二的镰刀上面有苍蝇，这就是他刚杀过人的证据。

报警信号

电视剧《小兵张嘎》是一部深受少年儿童喜爱的故事剧，它是根据抗战时期一位名叫张嘎的少年成长为抗日英雄的事迹改编的。机智、勇敢、不怕牺牲的张嘎也深受少年儿童喜爱，因为他帮助部队和乡亲们渡过了许多的难关。其中有这样一个故事：

张嘎刚参加游击队时，没有得到武器，只有好伙伴胖墩送给他的一串鞭炮。一天深夜，游击队转移到了一个小村子，帮助乡亲们坚壁粮食和财物。因为时间紧，人手少，队长就派张嘎替代哨兵，到距离村子有1000米外的小桥边放哨，以防备日本鬼子半夜偷袭。队长告诉张嘎："如果发现鬼子，以点燃鞭炮为信号，立刻报警。"

接到任务后，张嘎立刻来到了小桥边，把鞭炮挂在了距离地面不太高的树枝上，然后隐蔽在河边的芦苇丛中。由于连日行军，身困体乏，张嘎开始打起瞌睡来了。迷迷糊糊中，他突然感到小河对岸传来杂乱的脚步声。他睁开黏涩的眼皮一看，糟了，鬼子果然来偷袭了。于是，他急忙掏出火柴，扳住树枝，就要点火。谁知在慌乱之中，树枝在张嘎的手中一弹，挂在树枝上面的鞭炮被弹到了河中。这下子可全完了，眼看着敌人正在一步步地逼近，可警报却没办法发出去，即使大声喊叫，远在1000米外的村里也根本不可能听见啊，怎么办？此时的张嘎可是焦急万分啊！

然而，就在这万分危急的时刻，小张嘎急中生智，想出了一个危险

跟福尔摩斯学做大侦探

但却十分有效的报警方法，保证了游击队和乡亲们的安全撤离。

你知道张嘎的报警方法是什么吗？

参考答案

张嘎故意把芦苇丛弄响，给敌人造成有人埋伏其中的假象，迫使敌人为了自卫而开枪，利用敌人的枪声给游击队报警。

小列宁的魔术表演

列宁小时候，他特别喜欢看马戏和魔术。到了冬天，大雪覆盖了大地，天气出奇的寒冷，所以列宁和兄弟姐妹们只能待在家里，同时他们也经常会感到无聊。

一天，正当兄弟姐妹们感到无聊的时候，家里来了一个会玩魔术的客人。他们一个个高兴极了，都缠着客人，让客人给他们表演魔术。客人表演了一个又一个魔术，但他们仍不满足。客人有些烦了，出于礼貌，又不好正面拒绝，于是客人想了一个点子，对他们说："孩子们，我这儿有一根绳子，上面穿着5个金属环。左边两个是铁环，右边两个也是铁环，只有中间的一个是铜环。"接着客人让小列宁和他哥哥一人抓住绳子的一头，又说道："请你们想个办法，在不弄断绳子和金属环、也不把左右两端的铁环取下的前提下，把铜环从绳子上解下来。等你们完成后，我再给大家表演魔术！"说完，客人就转过头去开始同列宁的父亲闲谈起来。

这个客人原本以为这一下可以摆脱孩子们的纠缠了。但是，实在是太出乎这个客人的意料了，他同列宁父亲的谈话还不到5分钟，就被小列宁的欢呼声打断了！"我能够把它解下来了！"当着客人的面，小列

宁不慌不忙，很快就熟练地解下了铜环。这个客人一点儿办法也没有了，于是他只好继续给孩子们表演魔术。

你知道小列宁是怎样按要求把铜环解下来的呢？

原来，小列宁首先将绳子的两端连接在一起；然后将左边或右边的铁坏顺着绳圈移到另一端去，让铜环位移到绳子结头处；最后解开绳结，取下铜环。

变短了的线

比尔巴是印度的机智人物，他出生于一个十分贫穷的家庭。他长大以后，凭着自己的智慧和勤奋当了国王阿克巴的大臣。

一天，国王阿克巴在纸上用笔画了一条线，然后对比尔巴说："不许把这条线截断，但是你要把这条线变短，请吧！"这可是个难题，但是它却难不倒聪明机智的比尔巴，他毫不费力地就解决了这个难题。

"比巴尔，你的确是很聪明啊！"国王夸奖道。

巴比尔是如何按照国王的要求把线变短的呢？

比尔巴在那条线下面画了一条更长的线。

特别的"宴会"

解缙,明代三大才子之一,也是明代著名学问家。解缙自幼聪明过人,土豪们十分嫉妒,合伙密谋要捉弄他一下。

有一天,土豪们给解缙下请柬,请他到城里的"一品香"酒楼赴宴。这"宴会"十分特别,圆桌比平常的大一倍,一盘红烧全鸡放在桌子的正中央。他们分明是要解缙当众出丑,因为解缙人矮手短。不要说夹菜,就是用筷子碰着菜盘也难。但是,当解缙看到眼前的这一切时,依然笑嘻嘻地从容入座。

一个身材高大的土豪发话:"解缙,请用酒菜。"

此时的解缙淡然一笑:"凳子离桌子太近了。我提议,我们在座的每一位都把凳子往后移两尺。"

土豪们一听,挺乐,心想,再往后一移,你不就更出洋相了。于是,他们纷纷响应。结果,土豪们个个被捉弄了。

你知道这究竟是怎么一回事呢?

参考答案

原来,他们把凳子都往后移两尺之后,土豪们一个个把手臂伸得老长,但是他们当中竟没有一人能够着菜盘,而只有解缙早有准备,他从身后取出两根大长筷,一筷夹起盘子中的红烧全鸡,幽默地向土豪说了声"各位,多谢了",便大口大口吃了起来。

预备姿势

田径是体育运动中最古老的运动项目，也是奥林匹克运动的基石，最能体现奥林匹克"更快、更高、更强"的座右铭。田径也是奥运会设金牌最多的项目，因此有人用"得田径者得天下"来形容田径在奥运会金牌总数中所占的位置。而短跑是田径赛中不可或缺的一项比赛项目。在短跑比赛中我们常常看到，短跑运动员在起跑前先要蹲下来两脚一前一后，后脚用力蹬地，做预备姿势，目的只有一个——跑得更快。

为什么田径运动员要做出这样的预备姿势呢？

参考答案

事实上，短跑运动员先蹲下来再起跑和弹簧压缩的道理是一样的。由于短跑比赛竞争比较激烈，分秒必争，如果起跑时慢了一步，再追就已经迟了。所以运动员在起跑前先蹲好，听到发令枪声后再猛地起跑，肌肉会产生一股强大的爆发力，像弹簧一样，能使运动员以最快的速度冲出去。因此短跑运动员在起跑时采取下蹲姿势十分有必要。

好奇的看门人

公元 17 世纪，荷兰王国市政厅有一位看门人，名字叫列文虎克，他有个癖好，喜欢收集各式各样的玻璃碎片，并把它们藏在床下，一有闲空，就把它们拿出来摆弄一番，并试着制成各种镜片。

一次，他把两块磨制得很精致的玻璃片合在一起，又慢慢拉开距离，竟看到一个奇特的景象：镜片对着的东西被放大好几倍。受此启发，后来他经过多次试验，终于在一根金属管的两端，分别用几块透镜进行结合并加以固定，制成了第一架能把物体放大 150～270 倍的放大镜。利用这种放大镜，人们可以看到肉眼看不到的细微东西，于是，人们又称它为"显微镜"。

一天，列文虎克出于好奇，把从自己指甲里抠出来的东西放在镜子下，他惊奇地发现，镜片下有许许多多小"动物"在东游西窜。后来，他又找来人畜粪便、雨水、啤酒等进行观察，结果也发现了许许多多的小"动物"。这些小动物有的似球形，有的如杆状，有的像葡萄，有的如螺旋桨，有的身上还长满了毛，真可谓是五花八门，千奇百怪。还是出于好奇，他又把这些小动物一一画在纸上，他把自己的观察写成了一部具有划时代意义的著作——《自然界的秘密》。

列文虎克的发现虽然引起了人们的好奇心，但当时人们并不知道这些"动物"是什么。

请问你现在知道这些"动物"是什么吗？

其实，现在人们把这些"动物"称为"杆菌"、"球菌"、"葡萄球菌"等。在列文虎克发现这些"动物"的 100 年后，法国生物学家巴斯德才借助不断改进的显微镜，揭开了医学史上"细菌时代"的帷幕。我们今天还能看出当年的那个看门人所发现的缩影。而那个看门人正是荷兰的显微镜学家，也是微生物学的开拓者。

聪明的青年

从前，有一个名叫苏丹的国王收到了邻国国王的一份礼物，这份礼物就是三个外表、大小和重量都完全一样的金雕像，并且这位邻国的国王告诉国王苏丹，它们的价值是不一样的。其实，这个邻国的国王就是想拿这三个东西来试一试苏丹和他的臣民究竟聪明不聪明。

当苏丹接到这份不寻常的礼物时，他感到十分的奇怪，于是他把王宫里所有的人召集到一起，让他们把这三个雕像的差别给找出来。可是，所有的人围着这三个雕像看了又看，查了又查，却怎么也找不到它们的差别。

关于这三个金雕像的消息很快就在城里传开了，男女老少，没有一个不知道的。一个被关在囚牢里的穷小伙子托人告诉苏丹说，只要让他看一眼这三个金雕像，他马上就能说出它们之间的差别。

于是，苏丹就把这个青年传进了王宫。这个青年围着这三个金雕像仔仔细细地看了一遍，发现它们的耳朵上都钻了一个眼。他拿起一根稻草，穿进第一个雕像的耳朵里，稻草从嘴里钻了出来。紧接着，他又把稻草穿进第二个雕像的耳朵里，稻草又从另一只耳朵钻了出来。最后，

跟福尔摩斯学做大侦探

他又把稻草穿进第三个雕像的耳朵时，稻草被它吞到了肚子里，再也出不来了。

随后，青年人就对苏丹讲出了这三个雕像的差别。

苏丹听了这个青年人的话，感到十分的高兴，他命人在每个雕像上写上它的价值，又把它们还给了那个邻国的国王。此后，苏丹把这个青年人从囚牢里放了出来，并把他留在身边，帮他解决疑难问题。

你知道这个青年人发现这三个金像的差别在哪里呢？

参考答案

青年人对苏丹说道："陛下！这三个金雕像都有和人一样的特点。第一个雕像就像是一个快嘴的人，他听到什么，马上就要说出来，这种人是不能指靠的，所以，这个雕像值不了几个钱。第二个雕像就像是一个这耳进、那耳出的人，这种人不学无术，没有什么本事，值的钱也不多。第三个雕像就像是一个很有涵养的人，他能把知道了的东西全部装在肚子里，所以这个雕像是最值钱的。"

绝妙的对联

历史上，袁世凯只当了83天的皇帝，当他被迫退位之后，没过多久就一命呜呼了，全国人民奔走相告，手舞足蹈。

据说当时四川有一位文人，声言要去北京为袁世凯送挽联。许多人听说之后，都感到十分的惊讶，甚至是迷惑不解，于是打开了他撰写好的对联，只见上面写着：

袁世凯千古；

中国人民万岁！

"这、这是什么对联?"众人看了禁不住笑出声来。文人故意问众人道:"你们笑什么?"一位心直口快的年轻人回答道:"上联'袁世凯'三个字,下联'中国人民'四个字,这怎么可能对得起来呢?"文人听后,"哧"的一声笑了起来。众人依然不解,再仔细一回味,都禁不住拍手叫绝:"真是一副绝妙的对联啊!"

你知道这副对联的"玄妙"之处在哪里吗?

参考答案

上联"袁世凯"是三个字,下联"中国人民"是四个字。不用讲平仄,单从字数上来看就对不上,所以这副对联喻示"袁世凯对不住中国人民"。这就是对联的"玄妙"之处。

爱伸舌头的小狗

夏日里的一个午后,火辣辣的太阳照射着大地,感觉地面都滚烫滚烫的。珊珊搬了一个凳子坐在院子里的一棵大树下面,因为这里时不时的还有一丝丝的凉风吹过,而在屋子里,让她感觉有点儿闷热。

过了不久,珊珊家里的小狗"贝贝"从外面回来了,趴在珊珊跟前的地上休息。只见它的舌头不停地伸着,珊珊对此感到十分的惊奇,随后几天珊珊又对"贝贝"进行观察,发现还是爱伸舌头,只是晚上的时候没有这种情况。

对小狗爱伸舌头的这一习惯,珊珊感到非常的不解。

你能告诉珊珊为什么小狗爱伸舌头呢?

参考答案

人和哺乳动物都有正常的体温。比如人，无论春夏秋冬，正常体温都在36.5℃上下，而狗也有它固定的正常体温。可是，在高温的夏季，人可以通过出汗、煽风等方式降温来保持正常的体温。人和许多动物身体表面都有汗腺，会分泌汗液，热量通过汗液的分泌散发到体外。但是，狗的身体表面没有汗腺，它的汗腺长在舌头上。于是，在炎热的夏季时，为了维持正常体温，狗就只好伸出它那长长的、冒着热气的舌头，通过舌头来散发全身的热量。其实，即使不在夏天，狗在奔跑、打架，身体热了之后，也经常伸出舌头，它是在通过舌头"出汗"来调节体温。

举重运动员的吼声

强强特别喜爱体育运动，也更爱看体育节目。因此，每逢他看电视的时候，爸爸妈妈不用猜，就知道他在看体育节目。

"太棒了！真牛！"此时的强强已经完全的投入到了看体育节目的状态之中。简直有点儿入迷了，就如同一名歌唱者，完全投入到了唱歌的状态之中一样。

此时，电视中正播放的是举重节目。这还是强强第一次看举重比赛。举重运动员在举重时总要大吼一声，像狮子发怒一样这令强强感到有些奇怪。

你知道为什么举重运动员举重时要大吼一声吗？

参考答案

这是因为举重运动员在大吼一声前往往有一个深吸气的动作，发出吼声后立即关闭口腔，同时，胸、腹、腰、背肌及膈肌强烈收缩。这样可以刹那间使胸腔、腹腔的压力急剧升高，使举重运动员的上下肢和腰背肌有了稳定的支撑点，便于发挥出更大的力量，将重物举起。

奇怪的变化

一天，李老师在做一个小小的实验，同学们都睁大了眼睛，仔细地看着。只见李老师往一只玻璃试管里倒入了将近1/3清水，随后又滴入了几滴碘酒，并用塞子将玻璃试管塞紧，之后摇匀，这时试管里的溶液是浅棕色的，也就是我们通常所说的"碘水"。

随后，李老师将试管稍微倾斜，沿着试管壁缓缓滴入无色透明的洁净汽油，直到液面上升到试管2/3高度处。这时，试管里出现两层液体：下层是浅棕色的碘水，上层是无色透明的汽油。李老师又将瓶塞塞紧，不断地摇晃试管，直到里面的液体充分混合以后，才把试管直立并且静置。过了不一会儿，里面的液体又发生了变化：沉在下层比较重的水几乎变得没有颜色了，而浮在上层的汽油却变成了紫红色。此时，同学们的脸上一个个露出了惊讶的表情。

你知道为什么会有这样的变化吗？

跟福尔摩斯学做大侦探

参考答案

　　因为，碘不太容易溶于水，却十分容易溶于汽油。当你激烈晃动试管时，里面的碘水和汽油有了充分接触的机会，结果水里的绝大部分碘都被汽油"夺走"了，于是汽油变成了紫红色，而失去碘的水同时也失去了颜色。

意外的发现

　　古希腊著名的物理学家兼数学家阿基米德，博学多才，智慧过人，用他的发明创造为自己的祖国做出了许多杰出贡献，因此他备受国王的信任。国王曾训谕他的臣民们说："无论阿基米德做什么，讲什么，都要相信他。"

　　有一次，国王让工匠给他做一顶纯金的王冠。等王冠做好以后，国王怀疑工匠在王冠里混杂了其他的金属，但又找不出确凿的证据，并且也没有方法来检验。于是，他便想到了才智过人的阿基米德，要求阿基米德为他想一个办法检查一下。阿基米德被难住了，他冥思苦想，但是一个好的办法也没有想出来。这天，他去洗澡。他刚站进澡盆的时候，水就往上升起来，他坐了下去，水就溢到盆外来了；同时，他感觉到身体在水中的重量减轻了许多。他这才恍然大悟，急忙从澡盆跳了出来，高兴得忘乎所以，大声喊着跑了出去："我知道了！我知道了！"周围的人莫名其妙，以为他得了精神病，其实是他发现了检测国王王冠的办法。

　　阿基米德找了一个刚好能包容下王冠的水罐，将里面注满水，又向国王要了一块给工匠做王冠用的一样重量和大小的纯金。检验开始了，他分别将王冠和纯金放入水罐。结果发现放王冠时水罐里溢出的水要比放纯金块时所溢出的水要多。于是阿基米德据此断定，王冠里肯定混杂了比纯金比重小的其他金属。

阿基米德为什么会断定国王的王冠里掺杂了其他金属呢？

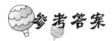
参考答案

我们知道，如果洗涤时钻进澡盆里，澡盆的水必然上升，由于水的浮力，身体也必然减轻。阿基米德察觉出，如果王冠放入水后，所排出的水量，没有同样大小的纯金所排出的水量一样多，则金匠替国王所制的王冠一定夹杂了其他金属。

阿基米德在这平常的事里发现了十分重要的秘密。这就是有名的浮力原理。根据这个原理，得出了有名的阿基米德定律：沉物体于液体中，物体减轻之重量，等于所排除液体之重量。

女明星的项链

一天夜里，伯爵夫人举行了一个小型的舞会，地点就设在她的别墅。大侦探保罗也应邀参加。

伯爵夫人养了一条白色的哈巴狗，她非常宠爱她的哈巴狗，经常把它抱在膝上抚弄。

这天晚上，伯爵夫人一边抚弄她的爱犬，一边和四位女士聊天。话题是电影女明星凯琳的珍珠项链。这串项链是前埃及女王的饰物，十分名贵。

她们聊得非常尽兴的时候，只见在座的凯琳解下项链，放在桌子上，特意让几位女士观看。恰在这时，电突然停了，室内漆黑黑的。

一分钟之后，灯光再度亮起。众人也正感到十分的惊讶，凯琳突然大叫："哎呀！我的项链不见了。"

大家一看，放在桌上的珍珠项链果然不翼而飞。"看来，项链必定是在刚才停电时，被人偷去的。当时，男士们正在隔壁打桥牌，因此只有我们围桌而坐的五人嫌疑最大。不过，凯琳是失主，项链当然不是她偷的，所以嫌疑犯就剩下我们四个了。"伯爵夫人边说边盯着那三位女士，"与其互相猜疑，倒不如我们都让凯琳搜身。"伯爵夫人建议说。

凯琳非常仔细地搜了她们四位的身，但是，一无所获。

打桥牌的男士们闻讯后，立刻赶来帮助凯琳寻找，可连项链的影子也没有看到。正当众人对此事都疑惑难解时，大侦探保罗却在细心地观察着室内的一切。他发现所有窗户全都上了锁，认为在一分钟之内窃贼是根本不可能把窗户打开，将项链掷出去的。同时，在停电的时候，几位女士也都没有离开桌边一步。保罗稍微沉思了一会儿，就立刻明白了，当凯琳要去报警时，他说："不用了，我知道窃贼是谁了。"

你能猜出窃贼是谁吗？

参考答案

窃贼就是伯爵夫人。她趁停电的一分钟，把项链偷去，并将其塞入哈巴狗的毛内。由于哈巴狗的毛很长，并且狗毛又是白色的，所以就成为隐藏珍珠项链的最佳"处所"了。

凶器哪儿去了

哈德利经营了一家大公司，但由于某种原因，公司已濒临破产，此事已经被报纸披露。但是，此消息刚被报纸刊登后，哈德利就突然失踪了。三天以后，有人发现哈德利在郊外的别墅中死去。警方接到报警后，立即赶往事发现场。经过仔细的检查，警方认为哈德利是被刀片割断喉咙而死。同时发现哈德利死前曾经购买了巨额的人寿保险。保险条文规定：如果哈德利死于意外或谋杀，均可获得保险金，受益人是他的太太。如果他是自杀，则不能获得保险金。经过周密的调查，警方有充分的理由证实，哈德利是自杀的，而不是被杀。但令警方感到十分困惑的是，在现场根本没有找到哈德利自杀时所用的刀片，而仅仅发现了一些小鸟的羽毛。

通常来说，一个人自杀后是根本没办法将刀片藏起来或扔到别处的，但哈德利确实做到了。很显然，他的目的就在于制造被杀的假象，以骗取巨额保险金。

哈德利自杀用的凶器究竟到哪里去了呢？

参考答案

原来，哈德利把刀片绑在了小鸟的脚上，他自杀后小鸟带着刀片从窗口飞了出去。

真真假假

从前，有一个县太爷，秉公执法，慎重办案，并且从来没有过冤假错案，人们都称他为"铁判官"。一天，铁判官审理完一件偷盗案，刚要退堂，差役来报，说门外有个商人前来告状。

"传他进来。"铁判官道。

此人一进县衙的大堂，就忙着向铁判官叩拜。铁判官仔细打量来人，见是一个白面黑须，衣冠整齐的中年人，就问："你有何事？"

"回禀大人，小人田富贵，在城东开布店。去年，我的邻居也就是开木匠铺的孙仲因手头拮据，曾到我的店里向我借钱，说好半年还清。可小人今天向他讨取，不想那孙仲拒不承认此事，还用污言秽语骂我。望大人明断，替小人追回银两。"

"你借给他多少银两？"

"500两银子。"

"借据可带来？"

"在这儿。"田富贵从怀中掏出一纸呈上。

铁判官接过一看，见借据写得明明白白，借贷双方落款清楚，而且还有两个证人的签名。铁判官抬起头问："这证人韩旺和钱顺今在何处？""我把他们请来了，现在门外。""唤他们进来。"

韩旺40来岁，又矮又瘦，留着山羊胡。钱顺是个肥头大耳的中年汉子。报完名，铁判官用犀利的目光逼视着这两个人，问："你们靠什么为生？"

韩旺回答："小人靠给别人抄抄写写为生。""小人开猪肉铺。"钱顺瓮声瓮气地说。铁判官唤过差人："传木匠铺孙仲到案。"

不一会儿，孙仲带到。铁判官问："孙仲，你向田富贵借钱，可有此事？"孙仲说："回大人话，绝无此事！"

"此张借据上的签名可是你亲笔所写？"铁判官朝他举起那张借据。孙仲道："根本就无此借贷之事，我怎会在上面签名？""来人，纸笔侍候。命你写上自己的姓名。"铁判官说。孙仲写好自己的名字，呈上。铁判官将借据拿起一对，两个签名分毫不差。铁判官此时感到十分的惊讶，心想：难道此借据是真的？可是孙仲这么痛快答应写字签名，岂不等于在证实自己有罪吗？铁判官猛然偷眼一看原告和证人，见三人沾沾自喜。心里一愣，突然有了一个好办法，终于将假冒签名者找了出来。

你知道铁判官想的是什么办法呢？

 参考答案

铁判官吩咐差役将纸笔分给原告田富贵、证人韩旺和钱顺，说："你们三人分开站好。孙仲借钱时间是上午还是下午或是晚上，写在纸上，不得交头接耳！"这一下，田富贵、韩旺、钱顺愕然失色，拿着纸不知如何下笔。铁判官剑一样的目光冷冷地注视着他们。片刻之后，田富贵、韩旺、钱顺沉不住气了，都扑通一下跪在了地上，不住地磕头。原来，田富贵、韩旺、钱顺三人妒恨孙仲买卖兴隆，于是合计坑害他。由韩旺仿照孙仲的手笔，在一张假借据上署了名。让他们意想不到的是"铁判官"更智胜一筹，在公堂之上就使他们的狐狸尾巴露了出来。

"莎翁"巧取硬币

莎士比亚是世界著名作家，马克思曾称他为"人类最伟大的戏剧天才"，被人们尊称为"莎翁"。但是在当时的社会，莎士比亚在受到人们拥护和爱戴的同时，也受到了某些人的嘲讽。

有一次，莎士比亚受邀请参加了一次宴会，在宴会上，有一位商人想当着众人的面让莎士比亚出丑。他向莎士比亚喊道："人们都在赞扬你，不要以为你自己有多么了不起，我看你的智力也平常得很，不信咱

跟福尔摩斯学做大侦探

们试试!"

莎士比亚知道对方是想奚落自己,但为了维护自己的声誉,他便答应了。于是那个商人就吩咐仆人提来半桶葡萄酒,轻轻在酒面上平放了一块硬币。硬币浮在酒面上一动也不动。那个商人对莎士比亚说:"不准向桶内吹气,不准向桶里扔石头之类的物体,也不准用东西拨弄硬币,更不准左右摇晃酒桶,请问莎士比亚先生,您能在桶口把硬币取到手吗?"

许多在场的客人见了直摇头,都认为没有办法可以把硬币取到手。

但是,莎士比亚想了一会儿,就想出了一个很好的办法,将这个难题解决了。

莎士比亚想了一个什么好办法呢?

参考答案

莎士比亚想到的好办法是叫人再拿半桶酒,顺着有硬币的桶慢慢地往里倒酒,等到桶里的酒满后,硬币就自动浮到桶边,而随着溢出的酒流出来,莎士比亚伸手便把硬币接到了手中。

急中生智

赵方是我国南宋时期与岳飞齐名的一位抗金英雄,赵方在担任荆湖制置使一职时,十分留意人才,好多名将出其麾下。因为他对人能做到推心置腹,好多将领都愿为他冲锋陷阵,使南宋朝廷无后顾之忧。他有个儿子叫赵葵,年龄虽只有十二三岁,但聪明伶俐,机智过人,深得赵方宠爱。一次,赵方指挥军队同金兵打了一场恶仗,又大获全胜,在犒赏三军时,官兵们觉得奖赏不公,认为皇帝恩赐的东西不能抵偿将士的

功劳，一时议论纷纷，少数血气方刚的将士准备闹事。眼看兵变即将发生，就在此时，赵葵发觉了这件事，因事情紧急，他来不及禀报父亲，就急忙对将士喊了一句话，由于这一句话，军心被赵葵稳定下来了，事后，他父亲直夸他聪明。

赵葵喊的一句什么话呢？

参考答案

赵葵急忙大声喊的一句话是："刚才的犒赏是朝廷赏赐的，我父亲还另有赏赐！"由于将士是为了赏赐而想发生兵变，赵葵这么一喊就满足了这一心理要求，所以将士平静了下来。后来，他父亲赵方也确实赏赐了将士。一场即将来临的兵变也就没有发生。

聪明的农民

一次，一名游客到著名的太湖风景区游玩，他在返回的时候，搭乘了一辆公共汽车。途中，他发现坐在他旁边的一位乡民所带的竹箩内装有甲鱼。出于好奇心，他把头凑在竹箩口上观看。谁知，其中一只大甲鱼突然咬住了他的鼻子，死不松口，而且甲鱼四肢乱抓，甲鱼头还使劲往鳖壳里缩。这位旅客痛得满头大汗，而且鼻子一直出血，但是车上的所有人都没有办法帮他摆脱甲鱼的"魔口"与"魔爪"。公共汽车司机只好将这名旅客送到最近的医院处理。

外科大夫见了这位特殊的病人，也无法使甲鱼松口。除非解剖甲鱼，但这样甲鱼必然会进行挣扎，反而会越咬越紧。一位来看病的农民恰巧碰见了此事，于是他想了一个办法，很快使甲鱼松了口。此时，这

名旅客终于将甲鱼摆脱了！

这位农民究竟想了一个什么样的办法呢？

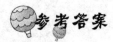
参考答案

原来，这位农民端来一只盛满水的脸盆，让这位旅客的脸连同甲鱼一起浸入水中。不到一分钟的时间，甲鱼就松了口，这位旅客终于解脱了。

事实上，甲鱼咬人，这是它被捕后的一种自卫反应。把甲鱼放入水中，这就相当于给甲鱼设了局部的原始自然环境，此时的甲鱼想潜水脱逃，于是就松口了。这位农民熟知甲鱼的这一习性，帮助这名被咬者解脱了困境。

哪一边下落

在天平的两只盘子里各放上一只一模一样的水桶，两只水桶都同样盛满清水，不同的是有一只水桶里的水上面浮着一块木块。那么，天平的哪一边要向下落呢？

果果就这个问题，曾经问过许多同学，却得到了不同的答案。有的同学说有木块的那一边一定向下落，因为"桶里除水之外还多了一块木块"。另外一些同学却提出相反的意见，他们认为应该是没有木块的那一边落下去，"因为水比木块更重"。

究竟天平的哪一边会向下落呢？

哪一边都不会向下落，两边一样重。在有木块的水桶里，虽然水要比没有木块的水桶里的少一些，因为那块浮着的木块要排去一些水，而木块的重量就等于此木块浸在水里的部分体积所排出水的重量，所以，它们一样重。天平的任何一边都不会向下落。

令杀手奇怪的事

有一个夜晚，一名杀手开始了他的复仇计划。他悄悄地潜入了仇人所住的一幢豪华的别墅，当他又悄悄地来到仇人的房门口时，从钥匙洞里看见仇人正在打电话。杀手此时想，这倒也省事，可以轻而易举地将仇人给暗杀了。于是他便从钥匙洞里射进了一枚毒针。

毒针恰好射了中仇人的胸部，但令杀手奇怪的是，他的仇人一点反应也没有，依然拿着电话筒在聊天。

你知道杀手的仇人为什么当时没有被射死吗？

由于杀手心里惊慌，看到的只是仇人映在镜子上的影像而已。

跟福尔摩斯学做大侦探

119

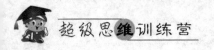

吃馒头比赛

孙膑，战国时期军事家，曾与庞涓为同窗，二人都曾拜著名的思想家、谋略家、兵家、教育家鬼谷子为师学习兵法。

一天，鬼谷子对徒弟孙膑、庞涓说："今日你们师兄弟二人比赛吃馒头，谁吃的馒头多，就算谁赢，但是，你们每人每次最多只能拿两个，吃完了才准再拿。"在师父刚揭开笼屉盖那一刻，庞涓就抢先抓起两只馒头大吃起来。孙膑见笼内还剩3个，就先拿了一个吃起来。庞涓暗笑孙膑准输。

可是，比赛结果却是孙膑赢了。

孙膑究竟的怎样赢的呢？

参考答案

当庞涓吃剩下仅有半个馒头的时候，孙膑的那一个已吃完了。他笑道："师兄，我赢了！"说完就急忙抓起剩下的两只个馒头慢慢地吃了起来。这样一来，根据师父的规定，很显然是孙膑赢了。

用鸭帮顶债

老陈向财主借了钱，做起了买卖，但是由于种种原因，买卖赔了，而且赔得很惨。此时的老陈正愁眉苦脸地坐在离家不远的土岗山，面对着远处的池塘，正出神地望着。正在此时，财主走了过来，嬉皮笑脸地

向他打招呼说："你好啊，聪明的老陈，我知道你现在阔起来了，还养起鸭帮呢！"老陈抬头一看，远处的池塘里果真有一大群鸭在池塘里嬉戏，就顺水推舟说："还不起债务啊，我老陈也没有别的办法呀！"财主摸着胡须，似乎已经有了他自己的主意。然后对老陈说道："这样吧，老陈，你就用你的鸭帮顶了债吧，我再给你点跑脚钱，好吗？"

"老爷，"老陈回答说，"这办法倒是很好，不过你可不要后悔哟。"财主高兴地说："那当然，那当然！"老陈说："这群鸭和我混熟了，听到主人的声音，它们就像孩子跟着母亲一样地跟着我。所以你得等我翻过前面那道山冈，请你再把鸭赶回家去。"

财主想着这群鸭帮不一会儿就将是自己的财产了，心里美滋滋的，连声答应："这个容易，这个容易！好啦，祝你一切如意，聪明的老陈！""你也不会倒霉的，老爷。"老陈迈开阔步走了。

不一会儿，财主望着老陈过了山冈，就兴冲冲地拿来竹竿，向池塘奔去。可是他却连一只鸭子也没有赶回。

试问，这究竟是怎么一回事呢？

参考答案

原来是一群野鸭！

小小的梦想

小涛有个在公安局工作的舅舅，他一直梦想着自己将来也能像舅舅一样当一名光荣的人民警察。最近，小涛有一个小小的梦想，就是能像他舅舅一样亲手抓住一名罪犯。刚放暑假，小涛就经常到舅舅家里玩。有一天，小涛从舅舅那里看到一张通缉令，知道有一个瞎了右眼的罪犯

逃到他所在的城镇里来了。同时，罪犯的相貌特征也都深深地印在了小涛的脑海中。小涛想，这个逃犯的特征十分明显，我一定要找到他。于是小涛每天都在大街小巷里转悠，希望能碰上那个罪犯。

有一天，小涛走进一家理发店，看见一个理发师正在给一个人理发，由于那个人的后脑勺朝外，小涛只能从那个人对面的大镜子里看到他的脸。

小涛的眼睛突然一亮——那个人有一只眼是瞎的！可再仔细一看，瞎的是左眼，那个人的右眼好好的，小涛暗自想自己真是白高兴一场啊。

第二天上午，小涛就把这件事告诉了舅舅，舅舅说："小涛，你弄错了，那个人很可能就是我们正在缉拿的罪犯！"小涛顿时愣住了。通缉令上明明写的是右眼，怎么就是这个理发的人呢？

你知道这究竟是怎么一回事吗？

原来，小涛弄错了，镜子里的像是反的，本来右眼瞎的人在镜子里就变成左眼瞎了。

色彩绚丽的壁纸

1901 年 5 月，荷兰汽船塔姆波拉号在东印度群岛触礁沉没。岛上居民纷纷划船出海打捞东西，其中有一个人，比谁都去得迟，好东西都给别人捞去，他只捞到别人不要的一大捆花花绿绿的纸。因为它们的色彩实在太绚丽了，所以它将它们晒干后，便拿来当作壁纸装饰他的小屋子。过了几个月，岛上来了一位中国商人。这中国商人因为买卖关系经常来这里。捞到彩纸的那个人告诉中国商人说，他需要一些针线，可是他没有钱，不过他愿意拿鱼骨交换。中国商人起初不愿意，后来拗不过那人再三请求，终于答应到他的小屋子去看看那根大鱼骨。可是，当他走进小屋子，一见壁上那些花花绿绿的彩纸时，他的眼睛睁得像铜铃那般大。后来中国商人只向那个岛上居民要了些墙上的彩纸。

他为什么要这些不值钱的彩纸呢？

 **参考答案**

原来贴在墙上的彩纸就是荷兰纸币。中国商人对那个岛上居民说："你已经没有必要卖鱼骨了，因为贴在墙壁上的是 4 万元荷兰纸币！"在当时，这个数目的价值是多么惊人啊！

一件趣事

著名的法国小说家大仲马非常喜欢旅行，并且他也早就有了到德国旅行的想法。于是，他借着一个很偶然的机会，圆了他的德国之旅的小小梦想。

到了德国之后，大仲马被德国的风土人情所吸引，连德国小小的村庄他也不放过。他来到德国的一个小村庄，尽情地游玩之后，突然感到饿了。当地的蘑菇非常的有名，大仲马对此也早有耳闻，于是，他就走进了附近的一家小饭馆。

大仲马想，用什么办法才能让小饭馆的伙计知道自己要吃的是蘑菇呢？因为大仲马不会说德语，此时的他在想要是自己懂一点儿德语就好了。

大仲马又思索了片刻，之后，只见他拿起了笔在纸上画了一个蘑

菇，可是那个蘑菇画得并不像，确实它和现实中的蘑菇相差很远。

饭馆的伙计很仔细地看了看大仲马所画的那个蘑菇，向大仲马表示完全懂了他的意思就走了。大仲马对此感到很满意，于是就耐心地等待着。过了不久，饭馆的伙计来了。他为大仲马拿来一样东西，使大仲马哭笑不得！

你知道饭店的伙计拿了什么来吗？

参考答案

原来，饭店的伙计拿来的并不是蘑菇，而是一把雨伞！

第四章　找出真相

计捉偷麦贼

E 是一个很老实的农民，连日来他所种的麦子不停被人偷割，于是向警方告急。

警方到现场观察，看到麦田的面积很大，而且非常空旷，肯定要多派人埋伏，等待窃麦贼出现。但是要是太多人监督麦田的话会引起偷麦贼警觉，这样肯定会打草惊蛇，抓不到偷麦贼。怎么办？

这时，警长亲自到麦田观察了一番，便对警察们说："这件事情很简单，只要你们……，这样的话，就肯定能捉到偷麦贼了，但是你们费力了！"

警长想到的是什么要领，警察们肯定能捉到偷麦子的贼吗？

参考答案

警长让他的部属扮成稻草人，站在麦田中间，偷麦者不会细看，他怎能推测稻草人竟是真人装扮的呢？

遗　漏

A 是一个非常古怪的作家，他性格孤单，所写小说的情节也都非常离奇。他总是在一间密室书房里写作，这间书房没有窗户，也不安置电灯，利用一种订做的蜡烛照明，1 支蜡烛可以燃烧 12 小时，他每次都同时点燃 3 支蜡烛，坐下一写便是 12 小时，等蜡烛一经熄灭了，他也就不写了。

有一天朝晨，警方接到电话，说 A 突然被杀害在书房里。报警的是他的佣人 B，他是唯一被容许进入作家书房的人。

他对警方说："主人昨天吃过晚饭就进书房写作，半夜时，我进去送过一次咖啡，见主人还在写作，但等我清晨醒来再去送咖啡时，他已经被杀害了。"

A 的死亡仿佛是犯了心脏病，仆人也知道他有心脏病，但并不很紧张；常给他看病的大夫认为病况不足以致死。此时，爱动头脑的警长仔细看了一遍房中的痕迹，突然说道："有人在昨晚就杀害了 A，凶手便是佣人 B。"B 的脸立刻变得苍白，他不知道什么地方出现了漏洞，让警长判定他是杀人犯。这间房子里什么地方让警长断定 A 不是自然殒命，又为什么说罪犯就是 B 呢？

**参考答案**

　　要害是桌子上未燃烧完的 3 支蜡烛。要是如 B 所说那样，深夜时还见到 A 在写作，那蜡烛在 A 被杀害后应该连续燃烧下去，直到清晨烧完为止。根据现场的痕迹来看，肯定是有人杀害了 A，又顺口吹灭了蜡烛。蜡烛只烧去一点点，表明 A 进书房后不久就被杀害，B 却说深夜曾送咖啡到书房，这足以证明他在说谎。

秦桧被撵

　　宋朝年间，岳飞和韩世忠、梁红玉夫妇都是抗击金兵的民族英雄。秦桧为了破坏抗金，每每费心机挑拨他们之间的关系。这一天，秦桧来到韩世忠的大营里，说了岳飞好多罪名，韩世忠和梁红玉气得要命，只是碍着秦桧是当朝宰相，不好骂他。秦桧为了到达自个儿的目的，赖在大营里不走，装作看不出人家不欢迎他。这样呆坐了一下午，韩世忠突然自言自语地说："兖州无儿去，下着无头衣，泪水一边流。"梁红玉一听，立刻接下下句："虫子钻到布匹（疋）下。"

　　秦桧刚听了这几句话时还没有明白，正想问问是什么意思，突然自个儿猜到了谜底，脸"腾"地一下子红起来，站起身灰溜溜地

走了。

你知道韩世忠夫妇所说字谜的谜底是哪两个字吗？

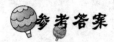

滚蛋。

藏在那边的密信

这是一封非常紧急的信，信的内容关系到两家公司之间订立条约的事情。但是，信竟然被偷走了。一旦被公开将对两家公司造成重大经济损失，结果不堪设想。

两家公司立刻报了案，侦查人员经过侦查，知道了偷信的人的职业和家庭地点，于是他们趁白昼主人出去的时间潜入偷信人的家里，但虽然知道信就放在房间里，却反复搜查都毫无所获，只好请大侦探明智出马。

虽然偷信的人把信藏得很秘密，但是当明智把右手边的电灯打开，马上就知道藏信的地方。

信藏在那边呢？

原来信放在灯罩里。一打开电灯，信的影子就投射出来了，所以一看就知道。

说谎的是谁

旷野的公路上，有个骑摩托车的人摔伤了，躺在车后边。面对警方的调查，有关的两个青年人各说各的理。

青年 A：“那是因为 B 太淘气了，他丢石头打那个骑摩托车的人，才使对方从车上摔下来。”

青年 B：“不是我的责任，是 A 大骂骑摩托车的人，对方转头，不料竟撞上电线杆。”

已经知道这两个青年有一个说的是真话，到底谁说的是真话呢？

参考答案

A 说的是真话。要是依 B 所说，那么骑摩托车的人不会掉在车后，而应弹到车前。

妙　策

某国研究出一种最新型喷气式战斗机，这种战斗机威力巨大，是一种非常先进的武器。

但是，这件事被敌国的特工知道后，暗中收买了一个高级驾驶员，将这架飞机偷偷地驾走送给敌国去了。

国防部对飞机被盗紧张得非同小可，立刻派出本国最精干的特工费加潜入敌国，一定要把飞机驾回来。

费加真有法子，他顺利地打探到藏飞机的地方，并且乘人不备，偷

偷地潜上飞机，然后突然驾机起飞。但是，当他在驶返途中，才知道飞机已经没有油了，他被迫降落在一个荒野山村，这个山村非常落后，连电都没有，村民们都是点火油灯照明的。村落里也没有一辆汽车和拖拉机，只有马车。在这种情况下，费加该怎么办呢？请你快给他想想法子吧。

参考答案

用火油也可以使飞机飞行。

哪边射来的箭

以画家为掩护身份的特工 B 被找到时已被杀害在画室中，他是被利箭从背后射杀。

鉴于画室的门是从里面锁好的，从表面打不开，窗户又没有开过的痕迹，只有风窗是打开的，所以有的警察认为箭是从风窗射进来的。但是警长 A 却不同意这种见解，他认为 B 是在其他地方被射杀，然后有人将遗体从风窗抛进画室的。

他这样推理是根据什么呢？

倘若箭是从高窗射进来的，箭的角度肯定是从上向下斜，但是实际痕迹却刚好相反。因此，最大的可能是特工 B 在别处被射杀之后，再把遗体从高窗丢进画室。

无法圆谎

近来，劳尔探长一直在关注市政府官员詹姆森被害的案子。这天黄昏，他驾车来到海边的港口，踏上一艘帆船，找到了涉嫌者鲍里金。

鲍里金听到劳尔探长说他的朋友詹姆森被人杀害后，惊得嘴里的雪茄差点儿掉下来。探长向鲍里金讯问，出事的时间，也便是案发当天下午 2 点至 4 点，他在什么地方。

鲍里金歪着头想了想，说："哦，那天天气很好，中午 12 点我驾船出海服务，不料船开出两小时后，发动机就坏了。那天，海面上一丝风也没有，船上又没有桨，我的船被困在大海中，无法靠岸。情急之下，我在船上找到了一块白布，在上面写上"救命"两个黑色大字，然后把桅杆上的旗降下来，再把这块白布升上去。"

"哦？"劳尔探长很有兴趣地问，"有人望见它了吗？"

鲍里金笑着回复："说来我也挺荣幸的，大概半小时后，就有人开着汽艇过来了。那人说，他是在 3 英里外的海面上望见我的呼救信号。此后，他就用汽艇把我的船拖回了港口，当时已近黄昏了。"

鲍里金说完，轻轻地呼了口气。谁知劳尔探长却对他说："鲍里金，倘若现在方便的话，请随我到警局走一趟。"

鲍里金的脸刷地白了："这是为什么呀？"

你知道这是为什么吗？

白布和旗帜一样，没有风绝对不能飘起来，人们当然也就无法看清上面的字。鲍里金正是在这个问题上露出了马脚。

一块名表引发的案件

一天清晨，名表收藏家韦恩说他有一块名贵的名表被盗了。加利警官接到报警后，立刻与助手赶到现场，并询问了这块名表失窃的经过。

这块名表得来不易，是韦恩在一次拍卖会上高价竞得的，韦恩得到这块名表之后非常开心，便让和他住在一起的也是收藏家的两个弟弟一同欣赏了这块名表，他们对这块名表也都赞颂不已。兄弟3人的藏品都放在大厅的书橱和玻璃柜内，钥匙放在壁炉上的花瓶里。

昨天，另有一位客人来访，是韦恩的收藏家朋友哈利，韦恩从玻璃柜里取出那块名表让他欣赏。哈利看了以后，爱不释手，表示愿出高价购买。但是，韦恩不肯割爱。

今儿一早哈利又打来电话，商谈买名表一事，又被韦恩拒绝了。韦恩接完电话再去看那名表，玻璃柜里却空空如也……

加利警官仔细看了现场，玻璃柜上的锁完好无损，表明扒手是用钥匙打开柜锁的。而客厅的家具、门把和壁炉上的指纹都被人用布抹掉了，只有玻璃上有韦恩和两个弟弟的指纹。

韦恩的两个弟弟及哈利都有作案嫌疑，可加利警官一下子就找到了扒手。

到底是谁偷走了名表？

哈利是扒手。因为只有他作案后才有必要擦掉指纹，而韦恩的两个弟弟无须担心留下指纹。

俩新娘子

新婚不久的丹麦贩子舒特勒来美国洽谈买卖，意外遇上车祸，不幸身亡。

悉闻噩耗，舒特勒在美国的朋友立刻发了份电报，请舒特勒的新娘来美国料理后事。

没几天，新娘来到了美国。但令人奇怪的是，来了两个，她俩都说自个儿是舒特勒的新娘。

竟然有两个新娘！这使舒特勒的朋友很为难，他没有见过舒特勒的新娘，只知道新娘是个钢琴师。无奈，他只得请来侦探卡尔来辨认真假。

卡尔经询问得知，舒特勒拥有一大笔产业。根据相关法律规定，他的老婆将承继这笔遗产。现在两位新娘中的一个肯定是想来骗取这笔遗产的。

两位女士一个满头金发，另一个皮肤浅黑。卡尔看着她们，寻思片刻说："两位女士能为我弹一首曲子吗？"浅黑肤色的女士马上弹起了一首天下名曲，她的双手在琴键上机灵地舞动。卡尔还看到，她左手戴着一枚宝石戒指和一枚钻石婚戒。接着，金发女士也弹了一曲，琴声同样悦耳动人，卡尔看到她右手上只有一枚钻石婚戒。

卡尔听完演奏，走到浅黑肤色的女士身边说："你不要再冒充新娘

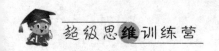
了，快回去吧。"这位女士听了，辩解道："你凭什么说我是冒充的呢，岂非我弹得没她好吗？"卡尔说出了理由，浅黑肤色的女士没趣地溜走了。

你知道卡尔的理由是什么吗？

完婚戒指戴在左手是美国的风俗，戴在右手是丹麦的风俗。卡尔让两位女士奏琴，一是看她们的琴技，二是为看清她俩怎样戴完婚戒指。

火红的色彩

这天，格林警长刚出门，就遇到了布尔夫人。布尔夫人向他告急说："警长，我有个弟弟叫吉姆，3 天前，他从平静梯上掉下来摔死了，警察以意外殒命为结论结案。可我弟弟向来审慎，我总以为这其中肯定有问题。"

"警察的议决依据什么理由？"

"他们说那天下雨，平静梯很滑，所以才会产生这样的事。"

"你弟弟下雨天还走平静梯？"

"我弟弟有火灾惧怕症。那晚半夜 1 点左右，他突然从梦中醒来，一边叫'火警了，火警了'，一边冲到屋外，结果就从梯子上摔了下去，这是和他同住的杰克说的。"

格林听完布尔夫人的诉说后，决定到吉姆住的公寓去查一下。

吉姆住的公寓是一栋四层的陈腐构筑，平静梯在楼外。格林找到公寓的服务员询问。服务员说："吉姆那晚就掉在这儿，当时雨下得很大，他的眼镜也有一只镜片摔碎了。"

"眼镜？吉姆是近视眼？"

服务员点点头。

吉姆的房间在走廊的另一端，离平静梯很远。他的室友杰克不在，服务员用备用钥匙打开了门。他还告诉格林，那晚有门生听到吉姆的叫喊后跑出来看了，杰克也在。

"咦？眼镜怎么会在这里？"

格林检查吉姆的抽屉时，找到那里面有被手帕包着的眼镜。他拿起来，对着亮光细地看了看。

"请你用杯子装一点儿水来。"

服务员端来了水，格林将眼镜浸到水里，片刻，水面泛出一些淡淡的血色来。

"我看谜底可以揭开了，吉姆不是偶然出错，而是有人蓄意行刺！凶手奇妙地利用了吉姆的火灾惧怕症，凶手便是杰克。"

"是杰克？他是怎么作的案？这血色的液体又是什么呢？"服务员看着杯子里的水非常不解。

你知道凶手是怎样作案的吗？

 **参考答案**

血色的液体是红墨水。杰克趁吉姆睡着时，在他的镜片上涂上红墨水，再给他戴上，然后，他对吉姆大喊"火警了，火警了"。吉姆惊醒后看到面前一片火红，误以为是火灾，便仓促跑出走廊，一不小心从平静梯上摔了下去。

倒　影

公园里有一个大池塘，里面养了许多鱼。因为公园的生意不景气，公园的经理便把池塘也开放，容许游人来这里垂钓。这个方案实施后，许多人来到这里，公园的收入大大增加。

但是好景不长，星期天一大早，经理就望见值班员跑过来，上气不接下气地说："不好了，池塘边有人被杀害了！"

池塘边躺着一个老人，头被砸破了，已经断了气。遗体的左边，蹲着一个年轻人，哭哭啼啼地说："我和老人是邻居，经常一起来垂钓。近来他丢了一大笔钱，听人说他怀疑是我偷的，果然，近来他都没有约我一起垂钓。但是今儿清晨他却约了我一起来垂钓，我还以为他知道冤枉了我，要与我和好。刚才我盯着水面的鱼漂，突然看到水面有他的倒影，他正举起一块砖头向我的头砸来，我吓得赶快躲开，抢过砖头向他砸去，竟然把他杀害了。我这么做，也算正当防卫呀。"

经理听罢，对年轻人说："别自作聪明了，你是存心杀他的。"

年轻人的话里有什么毛病呢？

池塘的水是平面的，所以在垂钓时无法看到岸边人在水中的倒影，证明年轻人在说谎。

被杀害的驯马师

早晨，小哲探长在外巡逻，他来到一家马场，倚在栏杆上看热闹。虽然很早，但是场上还是有一群年轻的赛马手在训练。

"真是生气勃发的年轻人啊！"小哲探长一边看着骑手们跑马练习一边感叹。早上寒风刺骨，他不禁竖了竖大衣的领子。

突然，马棚里冲出一个金发靓女，大喊着："快来人哪！杀人啦！"小哲探长吃了一惊，急忙从栏杆上翻过去，奔向马棚。

进入马棚，只见马棚里一个驯马师打扮的人俯卧在干草堆上，一动不动，显然已经断气好久了，后腰上有一大片血迹，一根锐利的冰锥就扎在他腰上。

"他被杀约摸有8小时了。"小哲探长自言自语道，"也就是说，行刺发生在半夜。"他转过身，看了一眼跟在身边的正捂着脸的那位金发靓女，突然说："噢，对不起，小姐，请问你袖子上沾的那一道痕迹是血迹吗？"

那位金发靓女吃了一惊，遂把她的骑装的袖口转过来，只见上面果然是一长道血迹。

"咦？"她脸色煞白，"肯定是刚才在他身上蹭到的。我叫如月，他，他是阿兴。他为我驯马。"

小哲探长饶有兴趣地问道："那么，如月小姐，你知道有谁可能杀

他吗?"

"不,我不知道。"她答道,"除了……大概是小李,阿兴欠了他一大笔钱……"

第二天,警官通知小哲说,阿兴欠小李的确切数字是 15 000 美元。但是小李发誓说,他已有两天没见过阿兴了。另外,如月小姐袖口上的血迹经化验是被害者的。

"我想我知道凶手是谁了。"小哲说。

请问,谁是凶手呢?

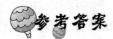

首先,根据冰锥 8 小时还未融化,表明案发时节为冬季,那么在隆冬时节血液凝聚应该非常快,不可能在 8 小时后再蹭在靓女衣服上。

其次,被杀害者是驯马师打扮,案发时间是半夜,有谁能让驯马师半夜穿着骑装出现在马厩呢?只有主顾如月小姐。

再次,如月小姐也是身着骑装,而且骑装上有被害者的血迹。按照常理,一个小姐是不会独自半夜骑马出游的,所以很难排除她的疑点。

宰相闺女

印度曾经有个城邦国王叫沙特瓦西拉。他有一个儿子,叫杜尔达马那。某一年的一天,他约了 3 个朋友一起去外地营生。

这 3 个青年分别是婆罗门的儿子、木匠的儿子和贩子的儿子。

他们 4 个人来到了海边,恰好赶上海上起了大风浪,4 个人眼见有一只渔船正在风浪中起起伏伏,非常危险,便下海救起了这只渔船。为了答谢他们,渔船的主人便送给他们每人一颗珍珠。

4 人得到可爱的珍珠，很开心。便放心地交给贩子的儿子保管，然后一起回家。

贩子的儿子走着走着，突然起了歹念，偷偷地把四颗珍珠缝在了裤腿上。

第二天 4 人在路上走时，贩子的儿子故意落在后面。过了好多时他突然叫道："匪贼！"前面 3 个朋友立刻往回跑，问："什么事？"贩子的儿子说："刚才我到路边小便时，被两个匪贼抢走了 4 颗珍珠！"3 个朋友不信，说："你这个骗子，肯定是玩了花样！"他们争论不停，这样走着，终于到了爱拉瓦古城。

爱拉瓦古城国王叫尼古拉沙，宰相叫布西沙拉。布西沙拉也是著名侦探，任何疑难案件，只要诉讼双方说出事情根据，他就能找到公正的办法。

3 个上当的旅伴就向布西沙拉宰相告状。布西沙拉寻思良久。他下令士兵查抄这 4 个人，结果一无所获。宰相第一次遇到这么棘手的案子。他有点束手无策，吩咐把 4 个人看管好后就回家了。

宰相有个小女儿，叫贾雅什丽。她看父亲心事重重，就问出了什么事。父亲就告诉了她。小女儿听了，说："父亲，不要着急。我有法子办理。你第二天过堂时，叫他们每人进一个房间。以后的事由我来办。"

父亲半信半疑，说："女儿，连我都难办的事，你能？"女儿说："父亲，别那么说。各人有各人的特长。有的事我知道，你不一定知道。有几个脑袋就有几种法子，有几只杯子就有几杯酒，有几张嘴就有几种声音，有几户人家就有几个老婆，谁手里有灯光谁就能驱走黑暗。父亲，你不必担心，你把这几个外国人交给我，我肯定探出他们的心里秘密，帮你破这个案！"

果然，如她所说，很快贾雅什丽就破了案。

贾雅什丽是怎样破案的呢？

参考答案

贾雅什丽让人把这4个人分在4个房间里。然后，贾雅什丽把自个儿梳妆得十分漂亮，她先来到王子房间里，说："王子，我对你一见钟情。我想嫁给你。只要你先给我父亲一份订金，我便是你的了。"王子回复："你很美，我也对你一见钟情。不过我现在没有分文。待案子办完，我回国后给你送来。"贾雅什丽断定王子确实没有珍珠。就去见婆罗门的儿子。婆罗门的儿子一见女士就爱上了。女士向他要彩礼。他回复说："我父亲要钱有钱，要土地有土地。我回到家以后，肯定给你送来。"女士看出这一个也确实没有偷珍珠。于是，他去见木匠的儿子。木匠儿子说："我身边一个钱也没有。这桩官司了结后我马上回家取钱。"

贾雅什丽又去见贩子的儿子。贩子的儿子一见这般艳丽的女士，灵魂早已出了躯壳。他立即从裤腿里取出了4颗珍珠，作为彩礼要娶贾雅什丽。贾雅什丽随即把4颗珍珠交给了父亲，认定贩子的儿子就是私吞珍珠的人。

宝石牧民

生存在大草原上的蒙古王国，有一个贫困潦倒的牧民，名叫阿巴尔。有一天，阿巴尔在深山里偶然中拾到了一个晶莹剔透的宝石。在回家的路上，他遇到了一个喇嘛，便把自个儿得到宝石的经过喜滋滋地全都告诉了这个出家人。

喇嘛听完阿巴尔的介绍，很狡黠地说："祝福你，年轻的牧民兄弟，我想这肯定是佛在资助你，好让你早日过上幸福的生活。但你现在

必须把宝石交给我，我好把宝石带给你的父母。而你必须马上到庙里去，在那边念一个月的经文，好谢谢佛给你的幸福。你要记住，一个月之内，可不能回家，否则，宝石将消失！"

阿巴尔听了，就答应了喇嘛的要求，把宝石交给了喇嘛，还告诉他自个儿家的地点，然后就来到了一座神庙，在那边念经文。

一个月过后，阿巴尔回到了家里，见家中依然破旧，依然是破屋破锅，同从前没有什么两样，便问老母："你们怎么还是这么贫苦地生活着呢？应该把宝石卖掉，换回钱来，重新造一座毡房，买一大群奶牛和羊啊！"

老母惊奇地说："你说什么胡话呢？哪来的宝石呀！"

"岂非喇嘛没有将宝石交给你们吗？"

"我们连喇嘛的影子都没有看到过，更别说看到什么宝石啦……"

阿巴尔料想肯定是喇嘛把宝石私吞了。心中非常气愤，便在草原上四处探寻喇嘛。一个月后，在一个庙宇里，他终于找到了那个喇嘛，便向喇嘛索要宝石，可喇嘛就是不承认私藏了宝石。无奈，阿巴尔只得来到皇宫，向可汗告了状，希望可汗能够为他做主。

可汗询问了事情经过后，便又问喇嘛："你能证明你没有私吞宝石吗？"

"我能证明！"喇嘛说："我有三个证明人！"

"很好！"可汗道："将你的三个证明人都带上来！"

喇嘛马上把三个证明人带到大殿内。

可汗把这三个证明人站在大殿内的三个角度，让他们相互之间离得很远，然后让仆役取来五块泥巴，给每个证明人一块。给喇嘛一块，给阿巴尔一块。然后说道："我现在开始数数，从一数到一百，在这段时间里，你们都要把泥巴捏成宝石的形状。"

五个人开始捏宝石，当可汗数完一百时，查验每个人手里的泥捏宝石时，不禁哈哈大笑道："大胆的喇嘛，还不从实招供罪证！"

可汗是怎样看破喇嘛的呢？

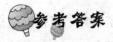 参考答案

可汗让在场的五个人每人捏一个宝石的形状，因是阿巴尔找到的宝石，他肯定可以大致捏成比较精确的模型，而喇嘛见过宝石并私吞了宝石，也肯定可以捏成近于精确的形状，但是三个证明人没有见过宝石，肯定捏不出宝石形状，而这三个证明人又是喇嘛找来的。所以呢，就意味着喇嘛是骗子。

深海破案

在太平洋洋深40米的某地方，有一个日本的水生动物研究所，专门研究海豚、鲸的生存习性。研究所里有主任高森和3个驻守人员清江、岛根、江山。那里的水压相当于5个大气压。

一天，吃过午饭后，3 个助手穿上潜水衣，分头到海洋中去做事。下午 1 点 50 分左右，陆地上的武藤来到研究所拜访，一进门，他惊慌地看到高森浑身血迹地躺在地上，已经被杀害了。

警察到现场勘查，认定高森是被人枪杀的，作案时间在下午 1 点左右。据分析，凶手便是助手中的一个。

但是 3 个助手都说自个儿在 12 点 40 分左右就离开了研究所。

清江说："我离开后大约游了 15 分钟，来到一艘沉船相近，观察一群海豚。"

岛根说："我同往常一样到离这里 10 分钟左右路程的海底火山那边去了。返回来时在下午 1 点左右，看见清江在沉船左边。"

江山说："我离开研究所后，就游上陆地，到地面时大约是 12 点 55 分。当时曾川小姐在陆地办公室里，我俩一直在谈天。"曾川小姐证明江山下午 1 点钟左右确实在办公室里。

听了这 3 个助手的话，警察说："你们之中有一个说谎者，他遮盖了枪杀高森的恶行。"

你能推理出谁是说谎者和是谁枪杀高森的吗，为什么？

 **参考答案**

江山是说谎者，也是枪杀高森的凶手。因为研究地点在水下 40 米的地方，约摸有 5 个大气压，要想从这样的深度游向地面，必须在中途休息一下，使身体渐渐顺应压力的变化。这样，15 分钟是游不回地面的。曾川小姐帮江山做了伪证。

陷阱脱困

养蜂人小西五郎，每年一到初夏，便会追逐花草的开放，驾车载着蜂箱到日本北海道来。今年他又来到富良野盆地的草原上，打开巢箱捕捉蜜蜂。去年他的巢箱的蜂蜜被熊吃掉了，所以今年他在熊大概出现的路上挖了个大洞做了个陷阱，以防巢箱再度被袭。挖洞时，由于不知熊何时会来袭，他便将猎枪放在附近的草丛里。他要做一个特别的陷阱，当野兽掉入此陷阱，脚会被紧紧束住。纵然熊再有力，也逃不出去。事实上，他小时候就曾经不小心落入这种陷阱，所以知道其威力之强。陷阱终于做好了，他在草地上坐了下来。这时候，背后森林中走出了两位男的，说要借火点香烟。但当他将打火机交给对方时，这两人突然向他冲过来，使其落进陷阱。"哈哈！恰好有捉熊的陷阱。你的捕蜂车就归我们啦！"两人大模大样地进入小西五郎的车内，还吃起车上现成的食物。突然，车门被打开，"举起手来！反抗就开枪！"小西五郎手持猎枪命令道。

那么一脚被夹住、动弹不得的小西五郎，是怎么逃出陷阱的？

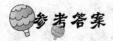
参考答案

小西五郎被夹住的脚是假肢。小西五郎孩提时曾掉落进陷阱，废了一只脚，于是装上了假肢。被两位男的推下陷阱时，恰好假肢被夹住。所以，在那两位男的往捕蜂车去的时间内，小西五郎立刻拆下假肢，从陷阱中爬出来，拿出藏在草丛内的猎枪，手攀附着车门站稳，用枪顶着犯人，出其不意地制服了他们。

绝密杀人案

一日下午，恶名昭彰的黑社会头目，在其海岸别墅被人杀死。他是在沙滩进行日光浴的时候，被一把遮阳伞柄刺穿了腹部。一名守在他身边的保镖，这天因为有事外出，事后一个小时才返回来，竟见到老大横尸沙滩。保镖观察现场，沙滩上非但没有凶手的足印，就连被害者的足印也不见一个。这才一个小时也不可能是遇到退潮涨潮把足印冲洗干净吧？侦查这件离奇命案的警察叫叶华德，他看到被害者庭院里的桌椅乱七八糟的，于是不急不忙地开腔道：

"法网恢恢，疏而不漏，既然人治不了他，那就让天来处罚他吧！"

叶华德得意地引用中国格言，奇妙地把案件给破了。

请问黑社会老大是怎样被杀害的，谁是凶手？

参考答案

这位秘密的凶手，便是旋风。突然而至的旋风，把插在桌旁的太阳伞卷起，恰巧扎在熟睡的黑社会头目身上。

车牌供出的肇事者

有一天夜晚，一辆厢型货车撞倒了骑脚踏车的门生后逃逸。虽然是深夜，但有两位目击者。其中一人说肇事车辆的车牌号是9453，另一人说是6837。证词完全不同，侦查人员有点伤脑筋了。随之，侦查人员突然注意到一个细节，然后按照两人的证词进行查找，结果找出了肇

事的车辆，逮捕了肇事的司机。那么，肇事车辆的车牌号是多少，肇事车辆的车牌号码有没有伪造？

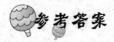

　　两人的证词均精确。原来，厢型货车的前车牌与后车牌各有各的车号。因此，一人看见的是前车牌，另一人是后车牌，均是厢型货车的车牌号。厢形货车挂了两个车牌。

殒命的登山家

　　在北阿尔卑斯山的穗高岳溪谷，人们找到了一位女登山者的遗体。她背着背包，埋在溪谷的残雪中。遇难者头骨凹陷，像是被落石击中，翻落溪谷身亡。殒命约一星期了，左手戴的手表是数字式手表，仍然走着。脸部埋在残雪中，没有腐坏，非常素净，一点脏也没有，鼻梁很挺直，是 25 岁左右的女性。"每个山中小屋（为登山者求救所设）都设有求救信号。从而推断出这位女性大概是一个人上山来的。这么说，她肯定是登山老手。"年轻的救难队员说道。

　　"不！这位遇害者是生手，对登山不太懂行。而且也不是单纯的意外遇险，而是他杀。凶手存心带她来到这里，再制造罹难殒命的假象。这个凶手也没什么登山经历。"老练的登山老手兼救难队长这样断定。

　　请问救难队长为什么那么肯定是他杀，理由何在？

　　因为这位女性的手表戴在左手。山上每每会有山雷，要是产生山

雷，将手表戴在左手，因为靠近心脏，会导致触电而亡。因此，有经验的登山老手会将手表戴在远离心脏的右手。另外，高山日光的紫外线很强，冬季登山或是山上有残雪时，雪的反射足以使肌肤晒伤。所以，有经验的女性登山者肯定会抹防晒油，但这位女性什么也没擦。要是一个什么登山经历都没有的新人，又怎么会敢冒险一个人去登对她来说那么危险的山呢？从以上几点，救难队长判断此案并非单纯的意外事件。

对话简略

这是件凶杀案，一个外交官在机场被刺杀。嫌疑犯伊特被捕。过堂记录送到探长手里，记录上写着：

"星期一上午 8 点钟左右，你在飞机场的咖啡厅喝咖啡？"

"是的。"

"你没看见当时和你隔开一个通道，相距不到 5 米远的人被刺杀？"

"没看见。当时我背对着过道的位置读当天的晨报。"

"咖啡厅的收银员记得你，你当时显得很匆忙。你给了她一张大钞，却没等她找你钱。"

"我得赶飞机。"

"你注意了时间，却没注意到那人胸口上插了把刀子？"

"大概看到了他，但我没正眼过细瞧过。"

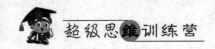

"你没听见他要几片面包吗?"

"我不记得了。晨报上《周末文艺》栏刊登了一篇非常有悬念的推理小说。等我读完,知道去纽约的飞机马上就要起飞了。"

探长看到这儿,自言自语地说道:"说谎是要受处罚的!"显然,探长看出了嫌犯辩词的漏洞。

看到这儿,我想聪明的你大概也知道凶手在哪处说了谎。

参考答案

因为星期一的晨报上决不会有《周末文艺》栏。很显然光这点就足以证明他在说谎。